海南岛
近岸海域生态评价

殷安齐 著

华南理工大学出版社
SOUTH CHINA UNIVERSITY OF TECHNOLOGY PRESS

·广州·

图书在版编目（CIP）数据

海南岛近岸海域生态评价/殷安齐著．—广州：华南理工大学出版社，2019.6
ISBN 978 - 7 - 5623 - 5982 - 1

Ⅰ．①海…　Ⅱ．①殷…　Ⅲ．①海南岛－近海－环境生态评价　Ⅳ．①X321.266

中国版本图书馆 CIP 数据核字（2019）第 090016 号

海南岛近岸海域生态评价

殷安齐　著

出 版 人：卢家明
出版发行：华南理工大学出版社
　　　　　（广州五山华南理工大学 17 号楼，邮编 510640）
　　　　　http://www.scutpress.com.cn　E-mail：scutc13@scut.edu.cn
　　　　　营销部电话：020 - 87113487　87111048（传真）
责任编辑：张　颖
印 刷 者：虎彩印艺股份有限公司
开　　本：787mm×1092mm　1/16　印张：8.5　字数：207 千
版　　次：2019 年 6 月第 1 版　2019 年 6 月第 1 次印刷
定　　价：43.00 元

前　言

　　海南省海域面积约 200 万平方千米，占全国海洋面积的 2/3。海南岛是海南省的主体，位于中国南海的西北部，海岸线总长约 1823 千米。本书基于作者所在实验室多年以来的海南岛近岸海域调查数据，评价了 2006—2010 年海南岛近岸海域生态状况，介绍了 2006—2018 年海南岛近岸海域甲藻分布情况，并详细描述了海南岛近岸海域常见有害甲藻，以期为海南岛海洋生物多样性研究、海洋环境监测和赤潮研究、海洋环境生态保护与修复提供历史数据，为海南国际旅游岛的建设和可持续性发展提供理论基础。

　　本书由"海南热带海洋学院 2016 年度科研项目"（No. RHDXB201618）、海南省教育厅"海南省普通高校应用型试点转型专业建设项目"资助出版。在此，谨向本书所引用的学术观点致以诚挚的谢意。此外，滋贺县立大学伴修平教授、田边祥子副教授，海南大学李洪武教授，以及海南热带海洋学院王兴华实验师都极大地助力了本书的撰写，在此一并致谢。

　　由于作者水平有限，疏漏、谬误之处在所难免，恳请广大读者批评指正。

作　者

2019 年 2 月

目　录

1 引言

海南岛是海南省的主体，位于中国南海的西北部，北隔琼州海峡与雷州半岛相对，地处东经 108°37′～111°03′、北纬 18°10′～20°10′，岛屿平面轮廓呈雪梨状，长轴为东北至西南向，长约 290 km，西北至东南宽约 180 km，面积约 3.4×10^4 km²，海岸线总长约 1823 km，有大小港湾 68 个。

海南岛地处热带与亚热带，属于热带季风性海洋湿润气候，终年常夏无冬、干湿分明、阳光充沛。各地年平均气温 22.5～25.6℃，以中部的琼中最低，南部的三亚最高。海区年平均气温 24℃左右；7 月平均气温最高，可达 28℃以上；1 月平均气温较低，为 17℃左右；适宜发展海水养殖业。

海南岛位于东亚季风区，受季风影响较为明显，东风带系统和西风带系统对其均有影响。海南岛降水的季节分配很不均匀，有明显的多雨季和少雨季。每年 5—10 月是多雨季，总降雨量约 1500mm，占全年降雨量的 70%～90%，雨源主要有锋面雨、热雷雨、台风雨；每年 11 月至翌年 4 月为少雨季，仅占全年降雨量的 10%～30%，少雨季干旱现象常常发生。

海南岛全岛独流入海的河流 154 条，其中，集雨面积大于 100 km² 的有 39 条，占全岛面积的 84.4%；集雨面积小于 100 km² 的河流有 115 条，只占全岛面积的 15.6%。主要河流有南渡江、昌化江、万泉河，流域面积分别为 7033 km²、5150 km²、3693 km²，流域面积共占全岛面积的 47%。流域面积在 1000～2000 km² 的有陵水河和宁远河；流域面积在 500～1000 km² 的有珠碧江、望楼河、文澜江、北门江、太阳河、藤桥河、春江及文教河。大小河流从中部山区或丘陵区向四周分流入海，构成放射状的海岛水系。这些入海河流一年四季带着大量的泥沙和有机物流入港湾，使得海南岛海岸海水肥沃，生物繁多。海南岛海岸带底质以泥、砂为主，成为鱼、虾、贝、藻栖息、繁殖生长的优良场所。

海南岛滩涂可分为三角海岸滩涂、潟湖溺谷湾海岸滩涂及平直海岸滩涂三种类型。其中，三角海岸滩涂分布于河口三角洲前缘，滩涂物质主要由河流输沙堆积而成，连续成片，如南渡江、万泉河、昌化江等河口三角洲；潟湖溺谷湾海岸滩涂由潮流和陆地暴流、散流搬运泥沙在海湾内沉积而成，此类滩涂在海区分布不连续，在海湾内的分布视海湾大小、掩护条件及物质来源多少而定，如铺前港、清澜港等；平直海岸滩涂发育于较平直海岸，滩涂物质主要由附近海岸流浊堆积或浅海沉积物搬运堆积而成，组成物质较粗，部分为砾或礁坪，在海南岛西岸和南岸均有分布。

海南浅海（低潮带水深 0～10m 等深线）面积为 2177 km²。其中，水深 0～5m 的有 855 km²，水深 5～10m 的有 1292 km²。调查资料显示，海南岛可养殖浅海面积为 143 km²，占水深 0～10m 浅海总面积的 6.6%。

1.1 海洋生态评价方法

在港湾生态系统中，以叶绿素 a 为表征的现存量和以初级生产力为表征的初级生产量是评估港湾环境容量以及养殖容量的重要指标。港湾通常是社会活动最为频繁且集中的场所，工农业生产所产生的污水、废弃物等污染了环境，其结果能从上述参数中以量的形式表现出来。比如，某些营养盐在水体中的过量存在导致水体富营养化，其结果之一就是浮游植物大量繁殖，严重的即为赤潮（red tide）。总之，对港湾叶绿素 a 和初级生产力所获得的科学信息和资料，不仅可用于评估调查海域现存的和潜在的初级生产力，也可作为养殖区养殖容量和环境质量状况的评价依据之一。

浮游植物是海洋中最重要的初级生产者，其种类组成和数量变动直接或间接制约着海洋初级生产力的发展，对海洋生物资源的开发利用起着重要的指示作用；另一方面，浮游植物通过光合作用维持着地球生态系统平衡。浮游动物是海洋食物链中的次级生产者，是海洋生态系统的重要组成部分，同时也是海洋经济鱼类、虾类、贝类等海产动物的主要饵料之一。底栖生物包括生活于水域底上和底内的动、植物和微生物，潮间带生物则是底栖生物向潮间带延伸的群体，它们生活方式复杂，是海洋生物的一大生态类群，在海洋食物链中占有重要的位置，且有些种类本身就有一定的经济价值，是渔业资源开发利用的重要对象。鱼卵、仔鱼作为鱼类资源的补充群体，是鱼类资源的后备基础，是鱼类资源持续发展的根本，对其种类组成结构进行调查研究是了解该海域鱼类繁殖能力及其再生产潜力的一个重要手段，有助于全面认识鱼类资源现状，对实现渔业资源的可持续发展有一定参考价值。

除此之外，底质孢囊调查也是海洋生态调查中较为重要的一方面。底质孢囊可以反映该海区浮游植物群落过去及现在的分布特点，以及将来可能的演替方向，为赤潮预警提供较为准确而现实的科学资料。

1.1.1 监测项目及调查方法

海洋生态环境调查主要包括浮游植物、浮游动物、底栖生物及渔业资源调查等。

浮游植物采用浅水 III 型浮游生物网自底至表层垂直拖网及表层采水获取，并用鲁哥氏液固定至质量分数 5%。在实验室进行种类鉴定，并按个体计数法进行计数、统计分析。浮游植物丰度单位为 ind/L。

浮游动物采用浅水 I 型浮游生物网自底至表层垂直拖网获取，并用中性福尔马林固定至质量分数 5%。在实验室进行称重、种类鉴定，并进行计数、统计分析。浮游动物生物量为湿重，单位为 mg/m^3；浮游动物丰度单位为 ind/m^3。

底栖生物的定量调查用采样面积为 0.05m^2 的抓斗式采泥器取样，定性调查用阿氏拖网采样。

渔业资源调查主要包括鱼卵、仔鱼的种类组成和数量分布情况，张网调查渔获物种类组成、数量分布、主要品种生物学参数、现存相对资源密度、海水养殖分布情况等。鱼卵、仔鱼采用浅水 I 型浮游生物网自底至表层垂直拖网一次，水平拖网 10 min，鱼卵、仔鱼标本从浮游动物标本中挑取并进行鉴定、记数。标本计算方法以个（尾）/m³计算。

　　各项目均按《海洋调查规范》（GB/T 12763—2007）、《海洋监测规范》（GB 17378—2007）、《近岸海域环境监测规范》《海洋生物生态调查技术规程》《全国海岸带和海涂资源综合调查简明规程》的技术规程和质量监督管理要求执行。使用的仪器均是经国家法定计量机构检定合格的，且在鉴定有效期内的仪器。

1.1.2　样品分析与数据处理

1.1.2.1　水平等级划分方法

　　构成和影响港湾生态环境的因子众多，其中，海洋生物环境因子中最基础、最具代表性是初级生产力、浮游植物、浮游动物及底栖生物水平，它们是衡量港湾生态环境质量的重要指标。参照贾晓平等的研究，将初级生产力和海洋生物水平划分为 6 个等级（表 1－1）。

表 1－1　初级生产力和海洋生物水平分级（贾晓平等，2003）

项目	等级（水平状况）					
	1（低）	2（中低）	3（中等）	4（中高）	5（高）	6（超高）
初级生产力（mg C /m² · d）	<200	200～300	300～400	400～500	500～600	>600
浮游植物（×10⁶ind /m³）	<1	1～10	10～100	100～500	500～1000	>1000
浮游动物（mg /m³）	<10	10～30	30～50	50～75	75～100	>100
大型底栖生物（g /m²）	<5	5～10	10～25	25～50	50～100	>100
水平指数	>1	1～0.8	0.8～0.6	0.6～0.4	0.4～0.2	<0.2

　　一般情况下，海洋环境无特定污染源或个别污染物造成严重污染时，采用加和平均型综合指数法评价港湾环境综合质量，评价公式为：

$$I_p = \frac{1}{n} \sum_{i=1}^{n} P_i$$

式中，I_p 为环境综合质量指数；P_i 为各评价因子分指数，即初级生产力水平指数、浮游生物水平指数、底栖生物水平指数。

　　根据港湾环境质量综合评价公式计算所得的指数范围，同时综合考虑各方面因素，即可对待评价港湾环境质量作出综合评价结论（表 1－2）。

表 1－2　港湾环境综合质量状况分级（贾晓平等，2003）

等级	环境综合质量指数 I_p	质量状况
1	<0.2	优级
2	0.2～0.4	优良
3	0.4～0.6	良好
4	0.6～0.8	一般
5	0.8～1.0	较差
6	>1.0	很差

1.1.2.2　生物群落结构指数

生物的种类组成、优势种，以及群落结构特征指数（如多样性指数、均匀度指数、优势度指数等）可在一定程度上反映环境的变化。多样性指数和均匀度指数是研究生物群落特征的重要指数，一般而言，种类越丰富、种类数量分布越均匀，则多样性指数越高，生物群落受外界干扰越少或生物群落较为稳定。一般多用 Shannon-Weaver 多样性指数、Margalef 丰富度指数、Pielou 均匀度指数和物种优势度指数综合分析生物群落结构。

$$\text{Shannon-Weaver 多样性指数 } H' = -\sum_{i=1}^{s} P_i \log_2 P_i$$

$$\text{Margalef 丰富度指数 } D = (S-1)/\log_2 N$$

$$\text{Pielou 均匀度指数 } J' = H'/\log_2 S$$

$$\text{物种优势度指数 } Y = (n_i/N) \times f_i$$

$$\text{多样性阈值 } D_v = H' \times J'$$

上述公式中，S 为生物种类总数；$P_i = n_i/N$（n_i 为第 i 种的个体总数，N 为全部物种的个体总数）；f_i 为第 i 种生物在各站位出现的频率，以 $Y > 0.02$ 作为优势种。对底栖生物而言，因每个种的个体差异可能极大，通常用生物量代替个体数。

参照生物多样性指数评价标准，即 H' 值小于 1 为重污染；H' 值在 1～2 之间为中等污染；H' 值在 2～3 之间为轻度污染；H' 值大于 3 为清洁，同时结合丰富度、均匀度、优势度等指标综合衡量生物群落结构状况。比如，在水质状况较好的海域，浮游植物的种类数较多且种间比例较均匀，故而多样性指数和均匀度指数均较高；反之，在重污染的海域，则种类数少且种间比例不均匀，多样性指数和均匀度指数均较低（表 1-3）。浮游植物优势种群的变动和季节更替反映着环境的变化，如水温；浮游植物总个体丰度可用来衡量水体营养状况，丰度大于 1.0×10^6 个/dm³ 通常被认为是富营养水平。生物多样性阈值的评价等级模型见表 1-4。

表 1-3　浮游植物多样性指数、均匀度指数与污染程度的关系（蔡清海等，2007）

指数	污染程度		
	重污染	中度污染	轻污染或无污染
H'	0～1	1～3	>3
J'	0～0.3	0.3～0.5	0.5～0.8

表 1-4　多样性阈值 D_v 等级模型（蔡文贵等，2007）

指数	等级（多样性等级描述）				
	1（差）	2（一般）	3（较好）	4（丰富）	5（非常丰富）
D_v	<0.6	0.6～1.5	1.6～2.5	2.6～3.5	>3.5

1.2 甲藻与海南岛赤潮

浮游植物（phytoplankton）是一个生态学概念，指在水中营浮游生活的微小植物，通常是指浮游藻类。浮游植物是一类具有色素或色素体，能吸收光能和二氧化碳进行光合作用，并制造有机物的自养性浮游生物（autotrophic plankton）。它们和底栖藻类共同构成了海洋有机物的初级产量。由于透入海水的阳光随深度迅速衰减，底栖藻类的分布一般限于大陆边缘的浅水处，而浮游植物则遍布整个海洋的上层区域，即真光层。海洋浮游植物主要包括原核细胞型生物的蓝藻；真核生物的单细胞藻类，如硅藻、甲藻、绿藻、金藻、黄藻、隐藻、裸藻。

海洋浮游植物种类多、数量大、繁殖快，是海洋动物尤其是幼体的直接或间接饵料，是海洋生物生产力的基础，在海洋生态系统的物质循环和能量流动中起着极其重要的作用，直接或间接地影响着整个海洋生态系的生产力；另一方面，其光合作用是水中溶解氧的主要来源，在决定水域生产性能上具有重要意义。同时，由于缺乏发达的运动器官，浮游植物的分布直接受海水运动的影响，故而有些种类可作为海流、水团的指示生物。再者，有些浮游植物具有富集污染物质的能力，可作为污染指示生物，在海洋环境保护方面具有一定意义。

甲藻是海洋浮游植物的重要组成之一，一般而言，热带种类较寒带种类多，但后者数量较大。外海种类大多为裸体的甲藻，而沿岸种类大多具有甲板组成的外壳。甲藻是小型海洋浮游动物（包括仔、稚鱼）的重要饵料，其产量可作为海洋生产力的指标之一，但有些种类过度繁殖会形成赤潮。赤潮，是在一定的环境条件下，海洋中的某些浮游微藻、原生动物或细菌等在短时间内突发性链式增殖或高度聚集，从而引起水色变化的灾害性海洋生态异常现象。赤潮是世界近海三大污染之一，严重威胁着海洋生态系统。造成危害的赤潮也称有害藻华（harmful algal bloom，HAB），研究表明，约60%的赤潮对渔业造成损害，其中约30%产生了灾难性影响。

引发赤潮的生物统称为赤潮生物。赤潮生物除少数属于细菌和原生动物，绝大部分属于浮游植物。资料显示，能引发赤潮的微藻有337种，其中以甲藻最多，为184种；已知能产生毒素的赤潮藻约76种，其中甲藻57种；我国148种赤潮生物中，甲藻有71种，且在南海海域暴发的有害赤潮大多是由甲藻引起。

有毒藻类是指自身能分泌毒素或者在其代谢过程中能释放毒素的浮游植物，因其细胞内含有高含量毒素而倍受关注，其毒素可直接导致海洋生物大量死亡，或者通过食物链传递威胁公众健康。藻类毒素具有毒性大、反应快、防治困难等特点，不同毒素结构差异也较大，既有复杂的聚醚类化合物也有简单的氨基酸，根据藻源和毒素引发的中毒症状主要可分为腹泻性贝毒（diarrhetic shellfish poisoning，DSP）、麻痹性贝毒（paralytic shellfish poisoning，PSP）、记忆缺失性贝毒（amnesic shellfish poisoning，ASP）、神经性贝毒（neurotoxic shellfish poisoning，NSP）、西加鱼毒（ciguatera fish poisoning，CFP）和溶血毒素（hemolytic toxin）等。

1976年6月，日本发生因食用紫贻贝（*Mytilus edulis*）而引起的集体食物中毒事件，症状以腹泻为主，故称腹泻性贝毒（DSP）。继而于 1978 年首先从紫贻贝的肝胰腺中分离出来一种结构复杂的生物活性物质，其成分是 C_{38} 脂肪酸的聚醚衍生物，分子式为 $C_{44}H_{68}O_{13}$，因其来源为海绵（Hailchond riaodadail、H. melanodocia），故命名为大田软海绵酸（okadaic acid，OA），可在贻贝的肝、脾中积累，从而引起食用者腹泻性中毒。1997 年 6 月，英国有 49 人因食用贝类而导致持续 8h 之久的急性恶心、呕吐、腹泻和腹痛等症状。研究者对贝类样品用小鼠生物鉴定，发现其作用因子为 DSP 毒素，采用高效液相色谱（HPLC）分离和 X 线量检测进一步分析证实该毒素为 OA。相继的研究发现，它并不是由贝类、海绵自身合成，而是由与海绵共生的甲藻所产生。产生 DSP 的甲藻很多，大多属于鳍藻属（Dinophysis）和原甲藻属（Prorocentrum），如渐尖鳍藻（Dinophysis acuminata）、具尾鳍藻（D. caudata）、尖锐鳍藻（D. acuta）、倒卵形鳍藻（D. fortii）、帽状鳍藻（D. mitra）、利玛原甲藻（Prorocentrum lima）、凹形原甲藻（P. concavum）等。这些甲藻作为食物，在海洋贝类、鱼类和其它动物的滤食或摄食过程中，转移到它们的胃或食道中，经胃和肠的消化、吸收，导致毒素在贝体内积累和转化，从而引起食用者腹泻性中毒。积累这类毒素的贝类主要有日本栉孔扇贝（Chlamys nipponesis akazara）、凹线蛤喇（Mucta sulcatara）、沙海蝴（Mya arenaria）、紫贻贝（Mytilus edulis）、牡蛎（Ostrea sp.）、海扇（Placopecten magllanicus）、凤螺（Strombus sp.）、锦蛤（Tapes japonica）等。

麻痹性贝毒（PSP）是危害最大、分布范围最广的藻类毒素，几乎全球沿海地区都有 PSP 中毒致死记录。PSP 是一类四氢嘌呤的衍生物，作用机制与河豚毒素相似，都是通过选择性阻断电压门控 Na^+ 通道，使神经及肌肉细胞 Na^+ 内流，导致动作电位无法形成，中毒者在 24h 内肌肉麻痹，呼吸困难，缺氧昏迷，窒息而死亡。甲藻是热带海域的主要 PSP 藻种。产生 PSP 的藻种主要有北大西洋的塔玛琳膝沟藻（Gonyaulax tamalrensis），北太平洋的链状膝沟藻（G. catanella）和念球状膝沟藻（G. monilethrix）。我国已发现的 PSP 藻种有黄海和南海的塔玛亚历山大藻（Alexandrium tamarense）、链状亚历山大藻（A. catenella），以及渤海的渐尖鳍藻（D. acuminata）等。

引起记忆缺失性贝毒（ASP）的毒素是软骨藻酸（domoic acid，DA）。软骨藻酸是一种强烈的神经毒性非蛋白氨基酸，作用于中枢神经系统相同受体位点，能导致短期记忆功能的长久性损害。产生软骨藻酸的藻类主要是长链羽状硅藻。

神经性贝毒（NSP）是迄今为止危害范围较小的一类毒素，目前已知能产生 NSP 的藻类主要是短裸甲藻（Gymnodinium breve）。从短裸甲藻细胞提取液中分别分离出神经性贝毒共计 13 种，它们可以作用于细胞膜上的 Na^+ 通道使之关闭，抑制动作电位的产生，使乙酰胆碱不能释放，从而导致神经麻痹。

西加鱼毒（CFP）包括西加毒素（ciguatoxin，CTX）、刺尾鱼毒素（maitotoxin，MTX）和鹦嘴鱼毒素（searitoxin，STX）。CTX 为脂溶性物质，可以打开细胞膜上电压依赖性 Na^+ 通道，引起细胞膜去极化；冈比甲藻（Gambierdiscums）可产生 MTX，MTX 是经食物链蓄积于刺尾鱼体内的一类结构独特的海洋生物毒素，是已知毒性最强的非蛋白海洋毒素。西加鱼毒中毒的症状包括温度感觉逆转、腹泻、呕吐、呼吸异常、神经功能失调等，严重者会发生休克、痉挛等。

溶血毒素是类似于洋地黄皂甙（digitonin）的物质，可使血红细胞溶解破裂从而引起动物死亡。该毒素对水生动物的毒性作用靶器官为鳃，对生物膜的可逆作用引起生物膜通透和泄漏，从而导致其死亡。米氏凯伦藻（*Karenia mikimotoi*）、小定鞭藻（*Prymnesium parvum*）是典型的可产生溶血毒素的藻类。

历史数据显示，2010 年以前，海南岛近岸海域共记录赤潮 32 起，发生区域几乎环绕整个海南岛，包括海口湾及近岸海域，文昌近岸海域（铜鼓岭海域、翁田镇近岸及高隆湾），博鳌近岸海域，陵水新村湾，三亚亚龙湾、大东海及红沙港，昌江海尾港—新港海域，洋浦湾近岸海域，澄迈马村近岸海域等。2010—2017 年，海南岛近岸海域赤潮发生的频率较往年明显呈上升趋势，共记录赤潮 14 起，引发种均为浮游植物，且多为甲藻，如夜光藻（*Noctiluca scintillans*）、反曲原甲藻（*Prorocentrum sigmoides*）、米氏凯伦藻（*Karenia mikimotoi*）等。

海南岛近岸海域的高位池养虾和浅海养殖业发展迅猛，大量严重超标的养殖废水未经处理就直接向附近海域排放，同时，城市规模的急速扩大也使得陆源污染物大量进入近岸海域，导致局部海域有机物和营养盐污染日趋严重。虽然水体富营养化是导致赤潮生物异常增殖进而引发赤潮的重要原因，但并不是某些甲藻赤潮的主要因素。甲藻具有趋光性和趋营养性，可以垂直迁移到富含营养盐的沉积物海水界面或其它富营养盐区域吸收营养盐以供其增殖并形成赤潮；另一方面，甲藻营养方式的复杂性也使其更具种间竞争力，如夜光藻。夜光藻是异养型甲藻，硅藻是其主要食物来源，在生产力较低的环境中难以形成优势种群。海南岛近岸海域水体富营养化促进了夜光藻饵料生物的大量繁殖，致使夜光藻极易在温度适宜时迅速增殖，引发赤潮。

对海洋甲藻进行快速准确检测、鉴定及监控是目前赤潮生物学和环境生态学研究的热点之一，而监测工作，往往从分类鉴定开始。同时，甲藻分类学研究也是甲藻其它相关研究的基础。

国外的甲藻分类学研究始于 18 世纪。1753 年，Baker 首次对甲藻进行了描述；1773 年，Müller 正式用 Dinoflagellate 一词命名甲藻；1883 年，Stein 首次出版了关于甲藻图片和形态描述的专著，标志着甲藻分类学研究的真正开始，而且目前使用的许多甲藻属名依然来源于该专著。

1904—1905 年，美国组织了西太平洋考察，报道了 132 种甲藻。Kofoid 和 Skogsberg（1928）认识到甲藻的甲板排列方式（plate formulae）具有特异性，将板式作为甲藻分类的依据之一；考虑到甲藻目中营异养生活的种类较多，且频繁出现刺丝囊、触手等细胞附属结构，他们建议将其划为甲藻亚纲（Dinoflagellidia），根据横沟的有无分为横裂甲藻目和纵裂甲藻目。Schiller（1933，1937）根据藻体外壳（theca）的有无将甲藻分成两个纲，即纵裂甲藻纲和横裂甲藻纲，前者指的是具有甲板的甲藻，后者指裸露的甲藻（包括夜光藻）。Taylor（1976）遵循国际植物命名法规（International Code of Botanical Nomenclature，ICBN）对国际印度洋考察（International Indian Ocean Expedition）中所获甲藻进行分类鉴定，明确将甲藻提到门的水平，再依据藻体鞭毛着生的位置，将甲藻门分为纵裂甲藻纲和横裂甲藻纲，纵裂甲藻纲仅含原甲藻目，而横裂甲藻纲根据甲板的有无及甲板模式的不同又分为 3 目，即夜光藻目、鳍藻目和多甲藻目。

20 世纪 80 年代以来，随着甲藻赤潮在全世界的大规模暴发，学者们开始对有毒有害甲藻的形态、生理特性及所产毒素进行研究，分子检测技术也被应用到藻类分类中。分子检测技术指的是基于 DNA、蛋白质的一种检测技术，其原理是不同物种，甚至不同个体在基因组大小、DNA 碱基组成、蛋白质种类方面都存在着差别，而这些都能较容易地被识别出来，而且较形态学特征提供的信息更多，能解决很多形态分类学的难题。海洋浮游植物检测研究常用的基因序列包括核糖体 rRNA 基因序列和一些功能基因序列。显微镜检测作为最传统的浮游植物样品检测分析方法，基于藻类的形态学特征鉴定其种类，在藻类鉴定上一直发挥着重要作用，至今仍广泛应用，更是作为验证其它新型浮游植物检测手段准确性的基本方法和技术保证。如今，甲藻的分类体系基本成型，与甲藻有关的分类成果已信息化，并形成了若干比较有影响的数据库，如 AlgaeBase 和 WoRMS 等，通过对甲藻新种和分类体系进行实时报道和更新，实现全球资源共享。

我国的甲藻形态分类研究起步较晚，始于 20 世纪 30 年代。刚开始借鉴国外的分类系统，将甲藻归入原生动物门，因此译名为"涡鞭毛虫"或"双鞭毛虫"，后来遵循国际惯例，以植物学命名法规进行命名，改为"涡鞭毛藻""双鞭毛藻"或"甲藻"等。

我国最初的研究多是针对某些海区特定种类的基础性调查，研究的海区主要包括南海、东海陆架区、黄海。近年来随着甲藻赤潮频发，对赤潮甲藻的分类、生理生态及甲藻孢囊的研究也日益增多。虽然近年来我国的甲藻分类学研究取得了很大的进展，但依然存在一些不足：相关文献及图鉴仍比较匮乏；所记录的甲藻种类与世界所报道的甲藻种类（大于 2500 种）相去甚远，且其中多个种只是在海区调查报告中出现，缺少形态描述以及相关图片资料，有的甚至至今分类地位仍然不明确；研究主要集中在东海海域，而对于海南岛海域甲藻尚未有较为系统的研究。

对海南岛近岸海域的甲藻展开分类鉴定，了解其现存有害种，进而对海南岛近岸海域甲藻的潜在威胁进行生态评价，不仅可以丰富海南岛浮游植物分类学研究，促进海南岛海洋生物多样性研究，同时还可为海南岛海洋环境监测和赤潮研究提供理论基础，为海南岛海洋环境生态保护与修复提供理论依据。

2 2006—2007 年海南岛重点港湾监控区生态评价

2.1 海南岛重点港湾生态环境特征

2.1.1 清澜港

清澜港位于海南省东北部的文昌市境内,地处八门湾(也称后港湾)的西岸,水域宽阔,面积达 $1.2 \times 10^5 km^2$,港内风浪小,回淤较少,是一自然条件优越的港口。地处东经 $110°40' \sim 110°48'$、北纬 $19°22' \sim 19°35'$,年平均气温 23℃,平均水温 26℃,盐度 30‰,雨量充沛,属热带季风气候。港湾深入内陆,形成了口窄内宽的漏斗状,被形象地称为八门湾。文昌江和文教河汇流于湾内,沿岸淤泥丰厚,平时风浪较小,适宜红树林繁衍生长。

2.1.2 小海

小海位于海南省东南部的万宁市境内,是海南岛最大的潟湖,东临南海,由狭长的南北走向的沙坝与南海相隔,是一个发育良好的沙坝-潟湖式港湾。潟湖南北最大长度 22km,东西最大宽度 14km,总面积约 $49 km^2$。潟湖水深为 1.3m(理论深度基准面),最深处可达 5m,为宽浅型潟湖。潟湖北部有一口门与海相通,周边有 8 条大小河流汇入海,具有泄洪纳湖、水产养殖、环境生态及海滩开发等多种功能,其经济地位和作用在万宁市的可持续发展中占有举足轻重的位置。

2.1.3 新村港

新村港位于海南岛东南部,面向南海,港区水域宽阔,周围群山环抱,是海南岛不可多得的天然避风良港。新村港实质上是一个中等规模的沙坝潮汐汊道湖海岸体系,湖面积约 $22 km^2$,涨潮三角洲、落潮三角洲都发育较好,口门处北岸为新村码头堤岸,南岸是岩石质的南湾猴岛。

2.1.4 东寨港

东寨港地处海南岛的东北部,东经 $110°32' \sim 110°37'$、北纬 $19°51' \sim 20°01'$,有着我国保存最好的集中连片的成熟红树林,是我国第一个红树林自然保护区,1992 年列入"国际重要湿地名录",成为我国 7 个列入该名录的保护区之一,同时也是我国唯一列入该名录的热带海岸型自然保护区。该地区属热带季风海洋性气候，年平均气温23.3～23.8℃，平均水温25.4℃，降水量达1676.4mm。东寨港、铺前湾海域濒临琼州海峡，与雷州半岛隔海相望。该海域水清流缓，光照充足，沿岸风光秀丽，水下有我国迄今发现的历史上唯一由于古地震形成的水下村落遗迹——72水下村庄。

2.1.5 洋浦港

洋浦港位于洋浦经济开发区境内，地处海南儋州西北部洋浦湾东海岸，介于海口港与八所港之间，西接洋浦鼻，北依洋浦村，东邻白马井角，面临琼州海峡西口。洋浦港水路北至海口港86 n mile，至湛江港173 n mile，西达八所港54 n mile，南抵三亚港174 n mile，水陆交通便利。洋浦港属热带季风气候，年平均气温24.7℃，年平均降水量1113.8mm，水深、避风、回淤量少、可利用海岸线长，素有"天然深水良港"之称，是海南西北部工业走廊出海通道的重要出海口，是国家一类开放口岸。

2.2 监控区站位布设

海南岛重点港湾监控区站位布设见图2-1～图2-5。

图2-1 清澜港站位布设

图2-2 小海站位布设

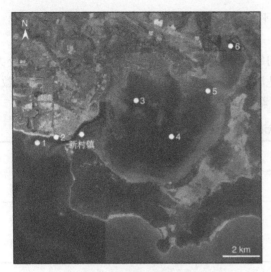

图 2-3　新村港站位布设

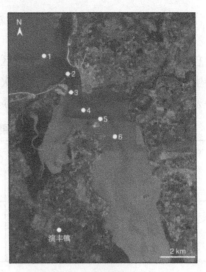

图 2-4　东寨港站位布设

图 2-5　洋浦港站位布设

2.3　初级生产力

2.3.1　初级生产力水平分布

清澜港初级生产力水平很高,但分布差别较大。其中,2 号站位表层的测定结果为 101.01mgC /m² · h,而 4 号站仅为 12.24mgC /m² · h。

由于风浪原因,小海只测定了 6 号站位的初级生产力水平,结果为 33.81mgC /m² · h。

新村港初级生产力水平在这五个港湾中列第三位,其水平分布变化规律明显。靠近外海的 1 号站位生产力水平较低,而处于内湾的 6 号站位生产力水平较高。这一结果符合海洋生态学基本规律。

东寨港初级生产力水平较低,其水平分布变化不明显,平均水平为 12.38mgC /m² · h。

洋浦港初级生产力水平较高，其水平分布变化较大，变化范围为 $11.99 \sim 83.35$ mgC /m² · h。

总的来说，海南岛重点港湾监控区初级生产力水平较高，各港湾之间差异也较大。初级生产力水平最高的是清澜港，其次是洋浦港，水平最低的是东寨港；生产力指数的大小关系则是：洋浦港 > 清澜港 > 小海 > 新村港 > 东寨港（表 2-1）。

表 2-1　海南岛重点港湾监控区初级生产力分布

项目	监控区				
	清澜港	小海	新村港	东寨港	洋浦港
初级生产力（mgC /m² · h）	61.89	33.81	45.15	12.38	53.85
生产力指数	51.79	41.23	31.02	28.13	71.05

2.3.2　初级生产力垂直分布

由于港湾水深都较浅，因此初级生产力的垂直分布变化不是很大。除洋浦港 4 号站位外，其它站位下层初级生产力均低于表层，其分布特点符合基本的海洋生态学规律。

总之，海南岛重点港湾监控区的初级生产力水平是比较高的，其分布特点符合一般规律。东寨港的初级生产力水平较低，且各站位间变化不是很大，可能与各站位间的距离和周遭环境有关。

2.4　微微型、微型、小型浮游生物（浮游植物）

2.4.1　微微型（光合）浮游生物密度及分布

微微型光合浮游生物（photosynthetic picoplankton）直径不到 $2\mu m$，是一类长期被人们遗忘的个体很小的浮游生物，但它是世界海洋大多数海区自养型浮游生物的重要组成部分，对世界海洋初级生产力的贡献率可以占到 40% 以上。因此，有关微微型光合浮游生物的调查意义重大。

海南岛重点港湾监控区的微微型浮游生物平均水平为 3.21×10^3 cells /mL。29 个监测站位中，密度在 1.0×10^3 cells /mL 以下的有 6 个站位，占总站位的 20.69%；$1.0 \times 10^3 \sim 2.0 \times 10^3$ cells /mL 的有 13 个站位，占总站位的 44.83%；$2.0 \times 10^3 \sim 3.0 \times 10^3$ cells /mL 的有 4 个站位，占总站位的 13.79%；而余下的 5 个清澜港站位，其微微型浮游生物都大于 5.0×10^3 cells /mL，且 2 号站位密度达到 21.68×10^3 cells /mL，是所有监测站位中密度最高的。最低密度出现在小海 2 号站位，为 0.12×10^3 cells /mL。

清澜港微微型浮游生物密度变化范围为 $5.09 \times 10^3 \sim 21.68 \times 10^3$ cells /mL，平均密度为 11.71×10^3 cells /mL，远高于 5 个港湾的平均水平；小海密度变化范围为 $0.12 \times 10^3 \sim 2.48 \times 10^3$ cells /mL，平均密度为 0.94×10^3 cells /mL，是 5 个港湾中微微型浮游生物密度

最低的；新村港密度变化范围为 $1.20 \times 10^3 \sim 2.91 \times 10^3$ cells /mL，平均密度为 1.80×10^3 cells /mL，低于 5 个港湾的平均水平，居第二位；东寨港密度变化范围为 $0.83 \times 10^3 \sim 1.91 \times 10^3$ cells /mL，平均密度为 1.30×10^3 cells /mL，低于 5 个港湾的平均水平，居第四位；洋浦港密度变化范围为 $0.72 \times 10^3 \sim 2.59 \times 10^3$ cells /mL，平均密度为 1.32×10^3 cells /mL，低于 5 个港湾的平均水平，居第三位。调查数据显示，海南岛重点港湾监控区微微型浮游生物密度分布为清澜港 > 新村港 > 洋浦港 > 东寨港 > 小海，清澜港的分布量最高，其它各港湾差异不大。

2.4.1.1 微微型原核浮游生物

微微型浮游生物分为微微型原核浮游生物和微微型真核浮游生物。其中，微微型原核浮游生物主要包括海洋蓝细菌中的聚球藻（*Synechococcus*）以及比它还小的原绿球藻（*Prochlorococcus*）；而微微型真核浮游生物的组成就相对复杂得多，包括真绿藻、定鞭毛藻、隐藻、硅藻、绿藻等。

海南岛重点港湾监控区微微型原核浮游生物分布情况与总微微型浮游生物的分布情况类似，这是由于微微型原核浮游生物所占比例较高造成的。5 个港湾微微型原核浮游生物的丰度关系为清澜港 > 新村港 > 东寨港 > 洋浦港 > 小海。微微型原核浮游生物占总微微型浮游生物比例最高的是清澜港，达 95.50%；最低的是洋浦港，为 63.24%（表 2 - 2）。

表 2 - 2 海南岛重点港湾监控区微微型原核浮游生物的密度

监控区	各站位密度（$\times 10^3$ cells /mL）						平均密度（$\times 10^3$ cells /mL）	占微微型浮游生物的比例/%
	1	2	3	4	5	6		
清澜港	4.82	21.45	14.33	7.78	8.92	9.81	11.19	95.50
小海	2.36	0.10	0.27	0.91	0.30	—	0.79	84.47
新村港	2.29	1.73	1.35	0.98	1.08	0.98	1.40	78.09
东寨港	0.81	1.53	0.69	0.64	0.83	1.25	0.96	73.95
洋浦港	0.97	1.70	0.53	0.67	0.52	0.62	0.84	63.24

2.4.1.2 微微型真核浮游生物

微微型真核浮游生物的数量要比原核的少得多，但其种类较多，且都含叶绿素 a。

海南岛重点港湾监控区微微型真核浮游生物的密度不高，各港湾之间差别不大，丰度关系为清澜港 > 洋浦港 > 新村港 > 东寨港 > 小海，与总微微型浮游生物的分布有所差异。其中，微微型真核浮游生物占总微微型浮游生物比例最高的是洋浦港，为 36.76%；最低的是清澜港，只有 4.50%（表 2 - 3）。

表2-3 海南岛重点港湾监控区微微型真核浮游生物的密度

监控区	各站位密度（×10³cells/mL）						平均密度（×10³cells/mL）	占微微型浮游生物的比例/%
	1	2	3	4	5	6		
清澜港	0.26	0.23	0.33	0.77	0.98	0.58	0.53	4.50
小海	0.12	0.02	0.03	0.26	0.29	—	0.15	15.53
新村港	0.62	0.28	0.35	0.21	0.61	0.28	0.39	21.91
东寨港	0.32	0.37	0.40	0.19	0.31	0.43	0.34	26.05
洋浦港	0.60	0.89	0.20	0.48	0.51	0.23	0.49	36.76

2.4.2 微型浮游生物种类组成及分布

海南岛重点港湾监控区微型浮游生物总计24属27种（表2-4、表2-5）。其中，甲藻和硅藻种类最多，共12属15种，占微型浮游生物总种数的55.56%；其次是绿藻，6种，占22.22%；蓝藻有2种，占7.41%。此外，金藻和隐藻虽种类不多，但分布广，数量大。

表2-4 海南岛重点港湾监控区微型浮游生物分布

序号	微型浮游生物	监控区				
		清澜港	小海	新村港	东寨港	洋浦港
甲藻						
1	塔玛亚历山大藻 *Alexandrium tamarense*	+	+	+	+	
2	条纹环沟藻 *Gyrodinium instriatum*	+				
3	链状裸甲藻 *Gymnodinium catenatum*			+	+	+
4	具棘多甲藻 *Peridinium hispida*	+				
5	具齿原甲藻 *Prorocentrum dentatum*		+	+		
6	利玛原甲藻 *Prorocentrum lima*	+				
7	微小原甲藻 *Prorocentrum minimum*	+	+	+	+	+
8	反曲原甲藻 *Prorocentrum sigmoides*			+	+	+
硅藻						
9	新纤细角毛藻 *Chaetoceros neogracilis*	+	+	+		
10	隐秘小环藻 *Cyclotella cryptica*	+	+	+	+	+
11	柔弱井字藻 *Eunotogramma debile*			+		
12	小舟形藻 *Navicula subminuscula*	+				
13	菱形藻 *Nitzschia* sp.	+	+	+	+	+
14	曲舟藻 *Pleurosigma* sp.		+	+	+	+
15	华丽针杆藻 *Synedra formosa*			+		

序号	微型浮游生物	监控区				
		清澜港	小海	新村港	东寨港	洋浦港
绿藻						
16	直角十字藻 *Crucigenia rectangularis*				+	
17	小球藻 *Chlorella* sp.	+				
18	胶网藻 *Dictyosphaerium* sp.		+			+
19	眼点拟微绿球藻 *Nannochloropsis oculata*		+			
20	栅藻 *Scenedesmus* sp.		+		+	+
21	朱氏四爿藻 *Tetraselmis chuii*					+
蓝藻						
22	颤藻 *Oscillatoria* sp.			+		
23	胶鞘藻 *Phormidium* sp.	+	+	+	+	+
金藻						
24	单鞭金藻 *Chromulina* sp.	+	+	+	+	+
隐藻						
25	蓝隐藻 *Chroomonas* sp.	+	+	+	+	+
裸藻						
26	纤细裸藻 *Euglena gracilis*	+		+	+	+
黄藻						
27	赤潮异弯藻 *Heterosigma akashiwo*				+	+

表 2 – 5　海南岛重点港湾监控区微型浮游生物种类组成

监控区	微型浮游生物种类数								
	甲藻	硅藻	绿藻	蓝藻	金藻	隐藻	裸藻	黄藻	合计
清澜港	5	4	1	1	1	1	1	0	14
小海	3	4	3	1	1	1	0	0	13
新村港	5	6	0	2	1	1	1	1	17
东寨港	4	3	2	1	1	1	1	0	13
洋浦港	3	3	3	1	1	1	1	1	14

2.4.3　微型浮游生物密度及分布

海南岛重点港湾监控区微型浮游生物的平均密度为 286.38×10^6 ind /m^3。在 29 个监测站位中，密度小于 100×10^6 ind /m^3 的有 7 个站位，占总站位数的 24.14%；$100 \times 10^6 \sim$

$300 \times 10^6 \mathrm{ind}/\mathrm{m}^3$ 的有 10 个站位，占总站位数的 34.48%；$300 \times 10^6 \sim 500 \times 10^6 \mathrm{ind}/\mathrm{m}^3$ 的有 10 个站位，占总站位数的 34.48%；大于 $500 \times 10^6 \mathrm{ind}/\mathrm{m}^3$ 的有 2 个站位，占总站位数的 6.90%。新村港 6 号站位微型浮游生物密度最高，为 $1342.08 \times 10^6 \mathrm{ind}/\mathrm{m}^3$；清澜港 2 号站位最低，为 $34.37 \times 10^6 \mathrm{ind}/\mathrm{m}^3$（表 2-6）。

表 2-6　海南岛重点港湾监控区微型浮游生物密度分布

监控区	站位	微型浮游生物密度（$\times 10^6 \mathrm{ind}/\mathrm{m}^3$）			
		<100	100～300	300～500	>500
清澜港	1	√			
	2	√			
	3	√			
	4		√		
	5			√	
	6			√	
小海	1				
	2	√			
	3		√		
	4			√	
	5		√		
	6		√		
新村港	1	√			
	2	√			
	3	√			
	4		√		
	5				√
	6				√
东寨港	1		√		
	2			√	
	3			√	
	4		√		
	5			√	
	6			√	

监控区	站位	微型浮游生物密度（×10⁶ind/m³）			
		< 100	100 ~ 300	300 ~ 500	> 500
洋浦港	1		√		
	2			√	
	3			√	
	4		√		
	5			√	
	6		√		

清澜港密度变化范围为 $34.37 \times 10^6 \sim 491.52 \times 10^6$ ind/m³，平均密度为 218.73×10^6 ind/m³，低于 5 个港湾的平均水平，居第四位；小海密度变化范围为 $74.88 \times 10^6 \sim 303.36 \times 10^6$ ind/m³，平均密度为 177.31×10^6 ind/m³，居末位；新村港密度变化范围为 $53.28 \times 10^6 \sim 1\,342.08 \times 10^6$ ind/m³，平均密度为 404.04×10^6 ind/m³，居第一位；东寨港密度变化范围为 $254.88 \times 10^6 \sim 441.60 \times 10^6$ ind/m³，平均密度为 357.20×10^6 ind/m³，高于 5 个港湾的平均水平，居第二位；洋浦港密度变化范围为 $185.60 \times 10^6 \sim 351.32 \times 10^6$ ind/m³，平均密度为 274.61×10^6 ind/m³，略低于 5 个港湾的平均水平，居第三位。调查数据显示，海南岛重点港湾监控区微型浮游生物密度分布为新村港 > 东寨港 > 洋浦港 > 清澜港 > 小海，且各港湾差异较大。

2.4.4 微型浮游生物生物量及分布

海南岛重点港湾监控区微型浮游生物的平均生物量为 367.71mg/m³。在 29 个监测站位中，生物量小于 100mg/m³ 的有 6 个站位，占总站位数的 20.69%；100 ~ 300mg/m³ 的也是 6 个站位，占总站位数的 20.69%；300 ~ 500mg/m³ 的有 9 个站位，占总站位数的 31.03%；大于 500mg/m³ 的有 8 个站位，占总站位数的 27.59%（表 2 - 7）。新村港 6 号站位微型浮游生物生物量最高，为 1042.37mg/m³；清澜港 2 号站位最低，为 40.4mg/m³。

表 2 - 7　海南岛重点港湾监控区微型浮游生物生物量站位数分布

监控区	站位数			
	< 100mg/m³	100 ~ 300mg/m³	300 ~ 500mg/m³	> 500mg/m³
清澜港	3	1	0	2
小海	1	1	2	1
新村港	0	2	2	2
东寨港	2	2	1	1
洋浦港	0	0	4	2

清澜港生物量变化范围为 64.42 ～ 513.36mg/m³，平均生物量为 254mg/m³，低于 5 个港湾的平均水平，居第四位；小海生物量变化范围为 99.23 ～ 587.91mg/m³，平均生物量为 341.81mg/m³，低于 5 个港湾的平均水平，居第三位；新村港生物量变化范围为 130.75 ～ 1042.37mg/m³，平均生物量为 476.52mg/m³，高于 5 个港湾的平均水平，居第二位；东寨港生物量变化范围为 53.14 ～ 513.36mg/m³，平均生物量为 243.45mg/m³，低于 5 个港湾的平均水平，居末位；洋浦港生物量变化范围为 314.50 ～ 939.17mg/m³，平均生物量为 522.39mg/m³，高于 5 个港湾的平均水平，居第一位。调查数据显示，海南岛重点港湾监控区微型浮游生物生物量不存在显著差异。

2.4.5 浮游植物密度及分布

海南岛重点港湾监控区水采浮游植物的平均密度为 $288.23 \times 10^6 ind/m^3$。在 29 个监测站位中，密度小于 $100 \times 10^6 ind/m^3$ 的有 11 个站位，占总站位数的 37.93%；$100 \times 10^6 \sim 500 \times 10^6 ind/m^3$ 的有 13 个站位，占总站位数的 44.83%；$500 \times 10^6 \sim 1000 \times 10^6 ind/m^3$ 的有 4 个站位，占总站位数的 13.79%；大于 $1000 \times 10^6 ind/m^3$ 的有 1 个站位，占总站位数的 3.45%。新村港 6 号站位浮游植物密度最高，为 $1441.44 \times 10^6 ind/m^3$；清澜港 1 号站位最低，为 $0.016 \times 10^6 ind/m^3$（表 2 - 8）。

表 2 - 8 海南岛重点港湾监控区浮游植物密度分布

监控区	站位	浮游植物密度（$\times 10^6 ind/m^3$）			
		< 100	100 ～ 500	500 ～ 1000	> 1000
清澜港	1	√			
	2	√			
	3	√			
	4	√			
	5	√			
	6	√			
小海	1				
	2	√			
	3		√		
	4		√		
	5			√	
	6			√	
新村港	1		√		
	2		√		
	3		√		
	4			√	
	5			√	
	6				√

监控区	站位	浮游植物密度（$\times 10^6$ind /m^3）			
		< 100	100 ～ 500	500 ～ 1000	> 1000
东寨港	1		√		
	2	√			
	3	√			
	4	√			
	5	√			
	6		√		
洋浦港	1		√		
	2		√		
	3		√		
	4		√		
	5		√		
	6		√		

清澜港密度变化范围为 $0.016 \times 10^6 \sim 86.4 \times 10^6$ind /m^3，平均密度为 19.18×10^6 ind /m^3，低于 5 个港湾的平均水平，居末位；小海密度变化范围为 $62.4 \times 10^6 \sim 864 \times 10^6$ind /m^3，平均密度为 453.48×10^6ind /m^3，高于 5 个港湾的平均水平，居第二位；新村港密度变化范围为 $165.51 \times 10^6 \sim 1441.44 \times 10^6$ind /m^3，平均密度为 609.6×10^6ind /m^3，高于 5 个港湾的平均水平，居第一位；东寨港密度变化范围为 $0.16 \times 10^6 \sim 382.08 \times 10^6$ ind /m^3，平均密度为 109.42×10^6ind /m^3，低于 5 个港湾的平均水平，居第四位；洋浦港密度变化范围为 $144 \times 10^6 \sim 397.12 \times 10^6$ind /m^3，平均密度为 249.94×10^6ind /m^3，略低于 5 个港湾的平均水平，居第三位。调查数据显示，海南岛重点港湾监控区水采浮游植物密度分布为新村港 > 小海 > 洋浦港 > 东寨港 > 清澜港，且密度分布差异较大。

2.4.6 浮游植物种类组成及分布

据调查所采集标本的显微镜鉴定，海南岛重点港湾监控区浮游植物总计 59 属 95 种（表 2 - 9、表 2 - 10）。其中，硅藻最多，有 33 属 58 种，占浮游植物总种数的 61.05%；其次是甲藻，共 25 种，占浮游植物总种数的 26.32%；蓝藻 6 种，占浮游植物总种数的 6.32%；其它种类有 6 种，占浮游植物总种数的 6.32%。

表 2 - 9   海南岛重点港湾监控区浮游植物分布

序号	浮游植物	监控区				
		清澜港	小海	新村港	东寨港	洋浦港
硅藻						
1	双凸双眉藻 *Amphora bigibba*				+	
2	日本星杆藻 *Asterionella japonica*	+	+	+	+	+
3	南方星芒藻 *Asterolampra marylandica*	+				

序号	浮游植物	监控区				
		清澜港	小海	新村港	东寨港	洋浦港
硅藻						
4	透明辐杆藻 *Bacteriastrum hyalinum*					+
5	中华盒形藻 *Biddulphia sinensis*			+	+	+
6	交替盒形藻 *Biddulphia alternans*	+	+			
7	长耳盒形藻 *Biddulphia aurita*			+	+	+
8	大西洋角毛藻 *Chaetoceros atlanticus*	+	+	+	+	+
9	智利角毛藻 *Chaetoceros chilensis*					+
10	旋链角毛藻 *Chaetoceros curvisetus*					+
11	丹麦角毛藻 *Chaetoceros danicus*					+
12	柔弱角毛藻 *Chaetoceros debilis*					+
13	密联角毛藻 *Chaetoceros densus*					+
14	洛氏角毛藻 *Chaetoceros lorenzianus*					+
15	新纤细角毛藻 *Chaetoceros neogracilis*			+		+
16	假弯角毛藻 *Chaetoceros pseudocurvisetus*					+
17	小环毛藻 *Corethron criophilum*					+
18	中心圆筛藻 *Coscinodiscus centralis*				+	
19	辐射圆筛藻 *Coscinodiscus radiatus*	+	+	+	+	+
20	隐秘小环藻 *Cyclotella cryptica*	+	+	+	+	+
21	桥弯藻 *Cymbella* sp.		+			
22	地中海指管藻 *Dactyliosolen mediterraneus*	+				
23	布氏双尾藻 *Ditylum brightwellii*	+		+	+	+
24	太阳双尾藻 *Ditylum sol*		+			
25	短角弯角藻 *Eucampia zoodiacus*					+
26	柔弱井字藻 *Eunotogramma debile*				+	
27	平滑井字藻 *Eunotogramma laevis*					+
28	脆杆藻 *Fragilaria* sp.	+	+	+	+	+
29	异极藻 *Gomphonema* sp.	+				+
30	环纹娄氏藻 *Lauderia annulata*	+				+
31	丹麦细柱藻 *Leptocylindrus danicus*			+	+	+
32	几内亚细柱藻 *Leptocylindrus guinardia*					+
33	小细柱藻 *Leptocylindrus minimus*				+	

序号	浮游植物	监控区				
		清澜港	小海	新村港	东寨港	洋浦港
硅藻						
34	短纹楔形藻 *Licmophora abbreviata*	+	+	+	+	
35	冰岛直链藻 *Melosira islandica*	+	+	+	+	+
36	具槽直链藻 *Melosira sulcata*	+	+	+	+	
37	变异直链藻 *Melosira varians*				+	+
38	小舟形藻 *Navicula subminuscula*	+	+	+	+	+
39	新月菱形藻 *Nitzschia closterium*				+	
40	长菱形藻 *Nitzschia longissima*			+		+
41	弯端长菱形藻 *Niteschia longissima* var. *reversa*					+
42	菱形藻 *Nitzschia* sp.	+	+	+	+	
43	三角褐指藻 *Phaeodactylum tricornutum*			+		
44	艾希斜纹藻 *Pleurosigma aestuarii*	+	+	+		
45	尖刺拟菱形藻 *Pseudo-nitzschia pungens*				+	+
46	翼根管藻 *Rhizosolenia alata*	+		+	+	
47	中肋骨条藻 *Skeletomema costatum*					+
48	掌状冠盖藻 *Stephanopyxis palmeriana*			+		+
49	华丽针杆藻 *Synedra formosa*	+		+	+	
50	菱形海线藻 *Thalassionema nitzschioides*	+		+		+
51	密集海链藻 *Thalassiosira condensata*	+				+
52	太平洋海链藻 *Thalassiosira pacifica*			+		
53	圆海链藻 *Thalassiosira rotula*	+	+	+	+	+
54	细弱海链藻 *Thalassiosira subtilis*			+		
55	佛氏海毛藻 *Thalassiothrix frauenfeldii*	+		+	+	+
56	美丽三角藻 *Triceratium formosum*	+	+			
57	三角藻 *Triceratium* sp.	+	+	+		
58	龙骨藻 *Tropidoneis* sp.				+	
甲藻						
59	塔玛亚历山大藻 *Alexandrium tamarense*			+	+	+
60	叉新角藻 *Neoceratium furca*			+	+	+
61	梭新角藻 *Neoceratium fusus*	+				
62	大角新角藻 *Neoceratium marcroceros*			+		

序号	浮游植物	监控区				
		清澜港	小海	新村港	东寨港	洋浦港
甲藻						
63	三角新角藻 *Neoceratium tripos*			+		+
64	新角藻 *Neoceratium* sp.	+				
65	羊角角甲藻 *Ceratocorys horrida*	+		+		
66	海洋卡盾藻 *Chattonella marina*				+	
67	具刺膝沟藻 *Gonyaulax spinifera*			+		
68	裸甲藻 *Gymnodinium* sp.					+
69	米氏凯伦藻 *Karenia mikimotoi*			+	+	
70	多边舌甲藻 *Lingulodimium polyedrum*			+		
71	夜光藻 *Noctiluca scintillans*					+
72	具棘多甲藻 *Peridinium hispida*					+
73	具齿原甲藻 *Prorocentrum dentatum*			+		
74	利玛原甲藻 *Prorocentrum lima*			+		
75	海洋原甲藻 *Prorocentrum micans*			+	+	+
76	微小原甲藻 *Prorocentrum minimum*			+	+	+
77	反曲原甲藻 *Prorocentrum sigmoides*			+	+	+
78	双刺原多甲藻 *Protoperidinium bipes*	+				
79	锥形原多甲藻 *Protoperidinium conicum*			+		
80	叉分原多甲藻 *Protoperidinium divergens*			+		
81	海洋原多甲藻 *Protoperidinium oceanicum*	+		+		+
82	斯氏扁甲藻 *Pyrophacus steinii*	+		+	+	
83	锥状斯克里普藻 *Scrippsiella trochoidea*	+				
蓝藻						
84	束丝藻 *Aphanizomenon* sp.					+
85	色球藻 *Chroococcus* sp.	+				
86	大型鞘丝藻 *Lyngbya major*			+		
87	平裂藻 *Merismopedia* sp.				+	
88	颤藻 *Oscillatoria* sp.	+		+	+	
89	红海束毛藻 *Trichodesmium erythraeum*			+	+	
绿藻						
90	纤维藻 *Ankistrodesmus* sp.	+				
91	竹枝藻 *Draparnaldia* sp.	+				

续上表

序号	浮游植物	监控区				
		清澜港	小海	新村港	东寨港	洋浦港
金藻						
92	定鞭金藻 *Prymnesiales* sp.			+	+	+
隐藻						
93	波罗的海红隐藻 *Rhodomonas baltica*			+		
裸藻						
94	纤细裸藻 *Euglena gracilis*			+	+	+
黄藻						
95	黄丝藻 *Tribonema* sp.				+	

表 2 – 10　海南岛重点港湾监控区浮游植物种类组成

监控区	浮游植物种类数				
	硅藻	甲藻	蓝藻	其它	合计
清澜港	25	7	2	2	36
小海	17	0	0	0	17
新村港	28	17	3	3	51
东寨港	28	8	3	3	42
洋浦港	40	10	1	2	53

2.4.7　浮游植物优势种

隐秘小环藻（*Cyclotella cryptica*）在 5 个港湾均有分布，且数量极多，达 $1295.04 \times 10^6 \mathrm{ind}/\mathrm{m}^3$；圆海链藻（*Thalassiosira rotula*）在 5 个港湾均有分布，数量较多，约 $556.80 \times 10^6 \mathrm{ind}/\mathrm{m}^3$；日本星杆藻（*Asterionella japonica*）在 5 个港湾均有分布，约 $43.20 \times 10^6 \mathrm{ind}/\mathrm{m}^3$。

2.4.8　浮游植物生物量及分布

海南岛重点港湾监控区浮游植物的平均生物量为 $2083.16 \mathrm{mg}/\mathrm{m}^3$。在 29 个监测站位中，生物量小于 $100 \mathrm{mg}/\mathrm{m}^3$ 的有 7 个站位，占总站位数的 24.14%；$100 \sim 1000 \mathrm{mg}/\mathrm{m}^3$ 的有 3 个站位，占总站位数的 10.34%；$1000 \sim 5000 \mathrm{mg}/\mathrm{m}^3$ 的有 16 个站位，占总站位数的 55.17%；大于 $5000 \mathrm{mg}/\mathrm{m}^3$ 的有 3 个站位，占总站位数的 10.34%（表 2 – 11）。新村港 4 号站位浮游植物生物量最高，为 $9533.11 \mathrm{mg}/\mathrm{m}^3$；东寨港 5 号站位最低，为 $1.811 \mathrm{mg}/\mathrm{m}^3$。

表2-11　海南岛重点港湾监控区浮游植物生物量站位数分布

监控区	站位数			
	$< 100mg/m^3$	$100 \sim 1000mg/m^3$	$1000 \sim 5000mg/m^3$	$> 5000mg/m^3$
清澜港	3	1	2	0
小海	0	2	2	1
新村港	0	0	4	2
东寨港	4	0	2	0
洋浦港	0	0	6	0

　　清澜港生物量变化范围很大，为 $4.49 \sim 3517.99mg/m^3$，平均生物量为 $829.88mg/m^3$，低于 5 个港湾的平均水平，居第四位；小海生物量变化范围为 $380.16 \sim 5294.79mg/m^3$，平均生物量为 $2036.62mg/m^3$，低于 5 个港湾的平均水平，居第三位；新村港生物量变化范围为 $3071.29 \sim 9533.11mg/m^3$，平均生物量为 $4971.52mg/m^3$，高于 5 个港湾的平均水平，居第一位；东寨港生物量变化范围为 $1.811 \sim 1428.22mg/m^3$，平均生物量为 $468.14mg/m^3$，低于 5 个港湾的平均水平，居末位；洋浦港生物量变化范围为 $1170.60 \sim 4168.52mg/m^3$，平均生物量为 $2109.65mg/m^3$，高于 5 个港湾的平均水平，居第二位。调查数据显示，海南岛重点港湾监控区浮游植物生物量分布为新村港 > 洋浦港 > 小海 > 清澜港 > 东寨港，且存在显著差异。

2.4.9　孢囊密度及分布

　　研究结果表明，清澜港孢囊平均密度为 282.3ind/mL，其中，甲藻孢囊最多，硅藻孢囊在 1、2 号站位有发现，孢囊数量最多的为 6 号站位。由于风浪原因，小海只对 3 个站位进行了采样，结果显示，此港湾孢囊数量较其它港湾较少，以甲藻孢囊为主，未发现硅藻孢囊，平均密度为 186.3ind/mL。新村港孢囊平均密度为 256.8ind/mL，以甲藻孢囊为主，未发现硅藻孢囊，且各站位孢囊数量分布差异不大。东寨港孢囊数量较多，密度仅次于洋浦港，居第二位，为 342.2ind/mL，甲藻孢囊所占比例有所降低，在 5 号站位发现少量硅藻孢囊。洋浦港是 5 个港湾中孢囊数量最多的，平均密度达 387.9ind/mL，其中，4 号站位高达 636.5ind/mL，6 号站位也达 594ind/mL，同样以甲藻孢囊为主，只在 4 号站位发现少量硅藻孢囊。

　　综上可知，海南岛重点港湾监控区孢囊数量较多，平均达 291.1ind/mL。各港湾之间差异不大，其中，洋浦港数量最多，其次是东寨港，小海最少，呈现出北部港湾孢囊数量较南部港湾多的特点。

2.4.10　夜光藻密度及分布

　　夜光藻属甲藻门，夜光藻科，夜光藻属。细胞直径 $0.2 \sim 2mm$，无自养能力，靠吞噬细菌和其它浮游植物生存、繁殖，因其异养性而被称为夜光虫。细胞无色透明，高度囊泡化，有一条能轻微活动的触手，能将外界小型浮游植物或有机颗粒送进胞口内，在细胞内形成食物泡进行消化。夜光藻细胞受刺激时会发光，是海洋中的重要发光生物。另一方面，作为耐污生物，夜光藻在我国富营养化海区分布很广。同时，也是海南岛近岸海域最主要的赤潮生物。

鉴于此，对海南岛重点港湾监控区进行了夜光藻调查，结果显示，5 个港湾中仅洋浦港出现夜光藻，且数量不多。洋浦港夜光藻平均密度为 1.15×10^3 ind /m^3，其中，1 号站位密度为 2.4×10^3 ind /m^3，2 号站位为 2.9×10^3 ind /m^3，4 号和 5 号站位均为 0.8×10^3 ind /m^3，余下的 3 号和 6 号站位未发现夜光藻。

2.5 大、中型浮游生物（浮游动物）

2.5.1 浮游动物种类组成及分布

据调查所采集标本的显微镜鉴定，海南岛重点港湾监控区浮游动物总计 43 种（表 2 – 12、表 2 – 13）。其中，桡足类最多，共有 13 种，占浮游动物总种数的 30.23%；其次为原生动物，共 11 种，占 25.58%；轮虫 5 种，占 11.63%；介形类和被囊类均为 2 种，各占 4.65%；水母和多毛类均为 1 种，各占 2.33%；此外，监控区浮游幼虫种类较多。浮游动物优势种为尖额真猛水蚤（*Euterpina acutifrons*）、小拟哲水蚤（*Paracalanus parvus*）、细巧华哲水蚤（*Sinocalanus tenellus*）。

表 2 – 12 海南岛重点港湾监控区浮游动物分布

序号	浮游动物	监控区				
		清澜港	小海	新村港	东寨港	洋浦港
桡足类						
1	刺尾纺锤水蚤 *Acartia spinicauda*					+
2	平头水蚤 *Candacia* sp.		+	+		
3	小盘盔头猛水蚤 *Clytemnestra scutellata*					+
4	近缘大眼剑水蚤 *Corycaeus affinis*	+				
5	尖额真猛水蚤 *Euterpina acutifrons*	+	+	+	+	+
6	挪威小毛猛水蚤 *Microsetella norvegica*					+
7	红小毛猛水蚤 *Microsetella rosea*		+			+
8	坚长腹剑水蚤 *Oithona rigida*	+		+	+	+
9	丽隆剑水蚤 *Oncaea venusta*	+		+		+
10	小拟哲水蚤 *Paracalanus parvus*	+	+	+	+	+
11	细巧华哲水蚤 *Sinocalanus tenellus*	+	+	+	+	+
12	异尾宽水蚤 *Temora discaudata*	+				
13	普通波水蚤 *Undinula vulgaris*			+		+

序号	浮游动物	监控区				
		清澜港	小海	新村港	东寨港	洋浦港
原生动物						
14	尖顶砂壳虫 *Difflugia acuminata*	+				+
15	球砂壳虫 *Diffugia globulosa*		+	+		
16	瓶砂壳虫 *Difflugia urceolata*					+
17	砂壳虫 *Difflugia sp.*		+	+	+	+
18	诺氏麻铃虫 *Leprotintinnus nordquisti*					+
19	筒壳虫 *Tintinnidium sp.*	+		+		
20	卡拉直克拟铃虫 *Tintinnopsis karajacensis*					+
21	根状拟铃虫 *Tintinnopsis radix*					+
22	妥肯丁拟铃虫 *Tintinnopsis tocantinensis*					+
23	有孔虫 *Foraminifera*	+			+	
24	放射虫 *Radiolarian*					+
轮虫						
25	壶状臂尾轮虫 *Brachionus urceus*		+			
26	同尾轮虫 *Diurella sp.*			+		
27	螺形龟甲轮虫 *Keratella cochlearis*	+		+		
28	单趾轮虫 *Monostyla sp.*		+			
29	颤动疣毛轮虫 *Synchaeta tremula*	+		+	+	+
介形类						
30	尖尾海萤 *Cypridina acuminata*					+
31	后圆真浮萤 *Euconchoecia maimai*					+
被囊类						
32	小齿海樽 *Doliolum denticulatum*			+		
33	异体住囊虫 *Oikopleura dioica*			+		+
水母						
34	水螅水母 *Hydromedusa*			+		
多毛类						
35	游蚕 *Pelagobia longicirrata*	+				

序号	浮游动物	监控区				
		清澜港	小海	新村港	东寨港	洋浦港
浮游幼虫						
36	蔓足目幼体 Barnacle nauplius					+
37	短尾类幼虫 Brachyura larva			+		
38	桡足幼体 Copepodite	+	+	+		+
39	十足目幼体 Decapoda larva					+
40	海胆长腕幼虫 Echinopluteus larva	+				
41	长尾类幼虫 Macrura larva			+		+
42	无节幼体 Nauplius	+	+	+		+
43	才女虫幼虫 Polydora larva		+	+	+	+

表 2-13 海南岛重点港湾监控区浮游动物种类组成

监控区	浮游动物种类数								
	原生动物	水母	介形类	桡足类	轮虫	被囊类	多毛类	浮游幼体	合计
清澜港	3	0	0	7	2	0	1	3	16
小海	2	0	0	5	2	0	0	3	12
新村港	3	1	0	7	3	2	0	5	21
东寨港	2	0	0	4	1	0	0	1	8
洋浦港	8	0	2	10	1	1	0	6	28

2.5.2 浮游动物密度及分布

海南岛重点港湾监控区 I 型网采浮游动物的平均密度为 55.65ind /m³。在 29 个监测站位中，密度小于 10ind /m³ 的有 5 个，占总站位数的 17.24%；10 ～ 50ind /m³ 的有 13 个，占总站位数的 44.83%；50 ～ 100ind /m³ 的有 6 个，占总站位数的 20.69%；100 ～ 300ind /m³ 的有 5 个，占总站位数的 17.24%（表 2-14）。清澜港 6 号站位浮游动物密度最高，为 294.40ind /m³；清澜港 1 号站位最低，为 4.4ind /m³。

表 2-14 海南岛重点港湾监控区浮游动物密度站位数分布

监控区	站位数			
	< 10ind /m³	10 ～ 50ind /m³	50 ～ 100ind /m³	100 ～ 300ind /m³
清澜港	2	1	1	2
小海	1	0	2	2
新村港	0	2	3	1
东寨港	0	6	0	0
洋浦港	2	4	0	0

清澜港密度变化范围为 4.4 ～ 294.4ind /m³，平均密度为 83.2ind /m³，高于 5 个港湾的平均水平，居第二位；小海密度变化范围为 5.32 ～ 226.4ind /m³，平均密度为 98.50ind /m³，高于 5 个港湾的平均水平，居第一位；新村港密度变化范围为 28.95 ～ 115.36ind /m³，平均密度为 59.08ind /m³，高于 5 个港湾的平均水平，居第三位；东寨港密度变化范围为 10.78 ～ 33.81ind /m³，平均密度为 20.65ind /m³，低于 5 个港湾的平均水平，居第四位；洋浦港密度变化范围为 6.56 ～ 23.68ind /m³，平均密度为 16.82ind /m³，低于 5 个港湾的平均水平，居第五位。调查数据显示，海南岛重点港湾监控区浮游动物密度分布差异较大。

2.5.3 浮游动物生物量及分布

海南岛重点港湾监控区浮游动物的平均生物量为 78.59mg /m³。在 29 个监测站位中，生物量小于 20mg /m³ 的有 8 个站位，占总站位数的 27.59%；20 ～ 50mg /m³ 的有 9 个站位，占总站位数的 31.03%；50 ～ 100mg /m³ 的有 5 个站位，占总站位数的 17.24%；大于 100mg /m³ 的有 7 个站位，占总站位数的 24.14%（表 2 - 15）。清澜港 6 号站位生物量最高，为 640.49mg /m³；小海 2 号站位最低，为 3.65mg /m³。

表 2 - 15 海南岛重点港湾监控区浮游动物生物量站位数分布

监控区	站位数			
	<20mg /m³	20 ～ 50mg /m³	50 ～ 100mg /m³	>100mg /m³
清澜港	2	1	0	3
小海	2	1	0	2
新村港	0	0	4	2
东寨港	2	4	0	0
洋浦港	2	3	1	0

清澜港生物量变化范围很大，为 9.38 ～ 640.49mg /m³，平均生物量为 159.92mg /m³，高于 5 个港湾的平均水平，居第一位；小海生物量变化范围为 3.65 ～ 112.00mg /m³，平均生物量为 65.85mg /m³，低于 5 个港湾的平均水平，居第三位；新村港生物量变化范围为 53.05 ～ 237.31mg /m³，平均生物量为 102.39mg /m³，高于 5 个港湾的平均水平，居第二位；东寨港生物量变化范围为 15.70 ～ 46.94mg /m³，平均生物量为 30.42mg /m³，低于 5 个港湾的平均水平，居末位；洋浦港生物量变化范围为 13.16 ～ 67.59mg /m³，平均生物量为 34.37mg /m³，低于 5 个港湾的平均水平，居第四位。

2.6 大型底栖生物

2.6.1 大型底栖生物种类组成及分布

大型底栖生物由阿氏拖网采获，海南岛重点港湾监控区渔排较多，给拖网造成了一定的困难，虽然某些站位未能取得样品，但还是得到了较为丰富的生物样品，能够代表各港湾底栖生物的基本情况。

据调查所采集的标本鉴定，海南岛重点港湾监控区大型底栖生物总计 85 种。其中，软体动物最多，共有 34 属 49 种，占大型底栖生物总种数的 57.65%；其次是节肢动物，共有 15 属 19 种，占大型底栖生物总种数的 22.35%；环节动物有 8 属 9 种，占 10.59%；鱼类有 3 属 4 种，占 4.71%；海藻和棘皮动物均为 2 属 2 种，各占 2.35%（表 2-16）。

表 2-16 海南岛重点港湾监控区大型底栖生物分布

序号	大型底栖生物	监控区				
		清澜港	小海	新村港	东寨港	洋浦港
软体动物						
1	尖高旋螺 *Acrilla acuminata*				+	
2	古蚶 *Anadara antiquata*			+		
3	环纹坚石蛤 *Atactodea striata*		+			
4	布纹蚶 *Barbatia decussata*	+			+	
5	珠带拟蟹守螺 *Cerithidea cingulata*		+			
6	小翼拟蟹守螺 *Cerithidea microptera*	+		+		
7	蟹守螺 *Cerithium* sp.			+		
8	黑凹螺 *Chlorostoma nigerrima*				+	
9	凹螺 *Chlorostoma* sp.					+
10	奥莱彩螺 *Clithon oualaniensis*		+			
11	特氏楯桑椹螺 *Clypeomorus trailli*		+			
12	环肋弧樱蛤 *Cyclotellina remies*			+		
13	饼干镜蛤 *Dosinia biscocta*	+				
14	美丽唇齿螺 *Engina pulchra*	+				
15	大蛤蜊 *Mactra grandis*			+		
16	长偏顶蛤 *Modiolus elongatus*				+	
17	菲律宾偏顶蛤 *Modiolus philippinarum*					+
18	江户明樱蛤 *Moerella jedoensis*			+		
19	笋金螺 *Mormula terebra*	+		+	+	+
20	浅缝骨螺 *Murex trapa*				+	
21	方格织纹螺 *Nassarius clathratus*	+				
22	秀丽织纹螺 *Nassarius festivus*		+	+	+	
23	节织纹螺 *Nassarius hepaticus*		+			
24	疣织纹螺 *Nassarius papillosus*		+			

序号	大型底栖生物	监控区				
		清澜港	小海	新村港	东寨港	洋浦港
软体动物						
25	西格织纹螺 *Nassarius siquinjorensis*	+				
26	似玉螺 *Naticopsis* sp.			+		
27	缘齿牡蛎 *Ostrea crenulifera*	+				
28	团聚牡蛎 *Ostrea glomerata*			+		
29	和蔼巴非蛤 *Paphia amabilis*	+			+	
30	真曲巴非蛤 *Paphia euglypta*					+
31	沟纹巴非蛤 *Paphia exarata*			+		
32	帽贝 *Patella* sp.	+		+	+	
33	箱形扇贝 *Pecten pyxidatus*			+		
34	翡翠贻贝 *Perna viridis*	+				
35	亮螺 *Phos senticosus*			+		
36	海月 *Placuna placenfa*	+	+	+		
37	旋棕拳螺 *Pugilina cochlidium*	+			+	
38	克氏锉棒螺 *Rhinoclavis kochi*	+			+	
39	紫血蛤 *Sanguinolaria violacea*				+	
40	粗纹樱蛤 *Tellina rugosa*				+	
41	沟纹笋光螺 *Terebralla sulcata*	+		+		
42	磷砗磲 *Tridacna sguamosa*			+		
43	爪哇拟塔螺 *Turricula javana*					+
44	假奈拟塔螺 *Turricula nelliae*				+	+
45	棒锥螺 *Turritella bacillum*		+			
46	笋椎螺 *Turritella terebra*		+			
47	彩虹虫昌螺 *Umbonium vestiarium*				+	+
48	朱红菖蒲螺 *Vexillum ornatum*		+			
49	薄云母蛤 *Yoldia similis*	+				
节肢动物						
50	日本毛虾 *Acetes japonicus*					+
51	纵肋铃藤壶 *Balanus tintinnabulum*	+				
52	三角藤壶 *Balanus trigonus*			+		
53	馒头蟹 *Calappa* sp.	+				

续上表

序号	大型底栖生物	监控区				
		清澜港	小海	新村港	东寨港	洋浦港
节肢动物						
54	锐齿鲟 *Charybdis acuta*			+		
55	光掌鲟 *Charybdis riversandersoni*				+	
56	口虾蛄 *Erugosquilla* sp.		+			
57	细螯虾 *Leptochela gracilis*		+			
58	玉蟹 *Leucosia* sp.			+		+
59	红线黎明蟹 *Matuta planipes*		+			
60	须赤虾 *Metapenaeopsis Barbata*			+		
61	刀额新对虾 *Metapenaeus ensis*			+		
62	细巧仿对虾 *Parapenaeopsis tenella*			+		
63	华美拟扇蟹 *Paraxanthias elegans*			+		
64	裸掌盾牌蟹 *Percnon planissimum*		+			
65	银光梭子蟹 *Portunus argentatus*	+				
66	矛形梭子蟹 *Portunus hastatoides*	+				
67	钝齿短浆蟹 *Thalamita crenata*				+	
68	鹰爪虾 *Trachypenaeus curvirostris*			+		
环节动物						
69	海毛虫 *Chloeia* sp.				+	
70	长吻吻沙蚕 *Glycera chirori*	+				
71	长突半足沙蚕 *Hemipodus yenourensis*				+	
72	长叶索沙蚕 *Lumbriconereis debilis*				+	
73	太平洋长手沙蚕 *Magelona pacifica*		+			
74	米列虫 *Melinninae* sp.			+		
75	龙介虫 *Serpula* sp.					+
76	软疣沙蚕 *Tylonereis bogoyawleskyi*				+	
77	疣吻沙蚕 *Tylorrhynchus heterochaetus*				+	
鱼类						
78	鰕虎鱼 *Acentrogobius* sp.		+			
79	杜父鱼 *Cottidae* sp.				+	
80	宽体舌鳎 *Cynoglossus robustus*			+	+	
81	斑头舌鳎 *Cynoglossus puncticeps*		+			

序号	大型底栖生物	监控区				
		清澜港	小海	新村港	东寨港	洋浦港
海藻						
82	麒麟菜 *Eucheuma muricatum*			+		
83	裂叶马尾藻 *Sargassum siliquastrum*			+		
棘皮动物						
84	砂海星 *Luidia* sp.			+		
85	刻肋海胆 *Temnopleurus* sp.			+		

2.6.2 大型底栖生物密度及分布

海南岛重点港湾监控区大型底栖生物平均密度为 263.24ind/m²。调查共采样 28 个站位，密度低于 100ind/m²的有 10 个站位，占总采样站位数的 35.71%；密度在 100～300ind/m²的有 11 个站位，占 39.29%；300～500ind/m²的有 2 个站位，占 7.42%；大于 500ind/m²的有 5 个站位，占 17.86%（表 2-17）。新村港 2 号站位密度最高，达 1120ind/m²；清澜港 6 号站位和东寨港 2 号站位最低，均为 40ind/m²。

表 2-17　海南岛重点港湾监控区大型底栖生物密度站位数分布

监控区	站位数			
	<100ind/m²	100～300ind/m²	300～500ind/m²	>500ind/m²
清澜港	2	3	0	1
小海	1	2	0	2
新村港	2	1	1	1
东寨港	3	2	0	1
洋浦港	2	3	1	0

清澜港密度变化范围为 40～760ind/m²，平均密度为 253.33ind/m²，低于 5 个港湾的平均水平，居第三位；小海密度变化范围为 76～528ind/m²，平均密度为 288.20ind/m²，高于 5 个港湾的平均水平，居第二位；新村港密度变化范围为 40.08～1120ind/m²，平均密度为 368.02ind/m²，高于 5 个港湾的平均水平，居第一位；东寨港密度变化范围为 40～880ind/m²，平均密度为 233.33ind/m²，低于 5 个港湾的平均水平，居第四位；洋浦港生物量变化范围为 80～320ind/m²，平均密度为 173.33ind/m²，低于 5 个港湾的平均水平，居末位。调查数据显示，海南岛重点港湾监控区大型底栖生物密度之间存在显著差异，且除洋浦港外，各港湾大型底栖生物的密度变化范围均较大。

2.6.3 大型底栖生物生物量及栖息密度

海南岛重点港湾监控区大型底栖生物平均生物量为 77.82g/m²，平均栖息密度为

$267.94 \text{ind}/\text{m}^2$。28 个监测站位的生物量组成以软体动物为主，其次是棘皮动物。软体动物的生物量为 $40.83\text{g}/\text{m}^2$，占总生物量的 52.47%；棘皮动物的生物量为 $18.75\text{g}/\text{m}^2$，占 24.10%；居第三位的是底栖鱼类，生物量为 $8.33\text{g}/\text{m}^2$，占 10.70%；海藻的生物量为 $6.24\text{g}/\text{m}^2$，占 8.02%；甲壳类生物量为 $4.79\text{g}/\text{m}^2$，占 6.16%；多毛类生物量为 $2.63\text{g}/\text{m}^2$，占 3.38%。在栖息密度组成方面，最高的为软体动物，占栖息密度的 69.23%，其余依次为多毛类、甲壳类、鱼类、海藻、棘皮动物（表 2-18）。

表 2-18　海南岛重点港湾监控区大型底栖生物的生物量及栖息密度

项目	监控区	大型底栖生物					
		软体动物	多毛类	甲壳类	鱼类	海藻	棘皮动物
生物量 （g/m²）	清澜港	52.92	0.28	0.25	0	0	0
	小海	71.51	0.46	12.63	25.34	0	0
	新村港	57.06	0.26	9.06	7.90	31.21	75.00
	东寨港	5.03	9.63	1.94	8.39	0	0
	洋浦港	17.63	2.53	0.05	0	0	0
栖息密度 （ind/m²）	清澜港	206.00	40.00	6.67	0	0	0
	小海	255.00	7.20	16.80	5.40	0	0
	新村港	320.00	48.00	11.40	1.20	5.40	4.71
	东寨港	86.67	146.67	2.25	3.00	0	0
	洋浦港	60.00	106.67	6.67	0	0	0

注：此为泥采和拖网相结合的数据。

在 28 个监测站位中，生物量低于 $10\text{g}/\text{m}^2$ 的有 10 个站位，占总站位数的 35.71%；$10 \sim 30\text{g}/\text{m}^2$ 的有 8 个站位，占 28.57%；$30 \sim 50\text{g}/\text{m}^2$ 的有 3 个站位，占 10.71%；$50 \sim 100\text{g}/\text{m}^2$ 的有 4 个站位，占 14.29%；大于 $100\text{g}/\text{m}^2$ 的有 3 个站位，占 10.71%（表 2-19）。清澜港 4 号站位生物量最高，达 $237.52\text{g}/\text{m}^2$；新村港 4 号站位最低，仅 $0.08\text{g}/\text{m}^2$。

表 2-19　海南岛重点港湾监控区大型底栖生物生物量站位数分布

监控区	站位数				
	<10g/m²	10 ~ 30g/m²	30 ~ 50g/m²	50 ~ 100g/m²	>100g/m²
清澜港	2	2	1	0	1
小海	0	1	2	1	1
新村港	1	2	0	1	1
东寨港	4	1	0	1	0
洋浦港	3	2	0	1	0

清澜港生物量变化范围很大，为 $2.72 \sim 237.52\text{g}/\text{m}^2$，平均生物量为 $53.45\text{g}/\text{m}^2$，高于 5 个港湾的平均水平，居第三位；小海生物量变化范围为 $28 \sim 105.75\text{g}/\text{m}^2$，平均

生物量为 57.18g/m², 高于 5 个港湾的平均水平, 居第二位; 新村港生物量变化范围为 0.08～188.04g/m², 平均生物量为 57.31g/m², 高于 5 个港湾的平均水平, 居第一位; 东寨港生物量变化范围为 2.60～58.12g/m², 平均生物量为 12.96g/m², 低于 5 个港湾的平均水平, 居第五位; 洋浦港生物量变化范围为 1.12～71.04g/m², 平均生物量为 20.21g/m², 低于 5 个港湾的平均水平, 居第四位。调查数据显示, 海南岛重点港湾监控区大型底栖生物生物量之间存在显著差异, 且除小海外, 各港湾大型底栖生物的生物量变化范围均较大。

2.7 鱼类浮游生物（鱼卵和仔、稚鱼）

因海南岛重点港湾监控区普遍较浅, 垂直拉网只在少数站位有所收获。例如, 清澜港 1、3 号站位, 新村港 1、2、3、4 号站位, 以及洋浦港 1 号站位采到少量鱼卵 (表 2-20); 仔鱼则只在新村港 2 号站位采到 1 条。

表 2-20 海南岛重点港湾监控区鱼卵密度分布

站位	鱼卵密度（ind/m³）				
	清澜港	小海	新村港	东寨港	洋浦港
1	1.82	0	3.27	0	4.11
2	0	0	16.76	0	0
3	0.71	0	4.63	0	0
4	0	0	0.98	0	0
5	0	0	0	0	0
6	0	0	0	0	0

据调查数据可推测新村港鱼类浮游资源较为丰富, 而小海和东寨港鱼类浮游资源相对较少。

2.8 现状与评价

2.8.1 初级生产力现状与评价

清澜港初级生产力水平为 12.24～103.65mgC/m²·h, 平均 61.89mgC/m²·h, 环境质量指数（水平指数）0.23, 为 5 级, 属于高水平区域; 小海初级生产力水平为 33.81mgC/m²·h, 环境质量指数（水平指数）0.66, 为 3 级, 属于中等水平区域; 新村港初级生产力水平为 19.72～78.19mgC/m²·h, 平均 45.15mgC/m²·h, 环境质量指数（水平指数）0.45, 为 4 级, 属于中高等水平区域; 东寨港初级生产力水平为 10.89～13.42mgC/m²·h, 平均 12.38mgC/m²·h, 环境质量指数（水平指数）1.19, 为 1 级, 属于低等水平区域; 洋浦港初级生产力水平为 37.50～83.35mgC/m²·h, 平均 53.85mgC/m²·h, 环境质量指数（水平指数）0.33, 为 5 级, 属于高等水平区域。

2.8.2　物种多样性现状与评价

海南岛重点港湾监控区生物群落结构多样性指数 H'、均匀度 J' 及多样性阈值 D_v 见表 2-21。

表 2-21　海南岛重点港湾监控区生物群落结构指数

监控区	项目	指数	站位						$\bar{x} \pm S$
			1	2	3	4	5	6	
清澜港	浮游植物	H'	2.37	1.21	2.39	2.41	2.14	1.75	2.04±0.20
		J'	0.71	0.34	0.55	0.57	0.50	0.45	0.52±0.05
		D_v	1.71	0.73	1.32	1.42	1.10	0.78	1.18±0.16
	浮游动物	H'	1.50	1.77	1.52	1.84	2.42	2.49	1.92±0.18
		J'	0.83	0.84	0.59	0.60	0.81	0.75	0.74±0.05
		D_v	1.27	1.47	0.90	1.10	1.95	1.87	1.43±0.17
	大型底栖生物	H'	2.50	1.25	1.70	0.87	0.89	0.70	1.32±0.28
		J'	0.84	0.39	0.60	0.56	0.72	0.70	0.64±0.06
		D_v	2.08	0.99	1.25	0.47	0.64	0.56	1.00±0.25
小海	浮游植物	H'	—	1.45	1.93	2.40	1.48	1.95	1.84±0.18
		J'	—	0.52	0.79	0.65	0.49	0.65	0.62±0.05
		D_v	—	0.75	1.53	1.56	0.73	1.27	1.17±0.18
	浮游动物	H'	—	0.59	0.69	1.18	1.17	1.82	1.09±0.22
		J'	—	0.59	0.22	0.59	0.51	0.57	0.50±0.07
		D_v	—	0.35	0.30	0.69	0.59	1.04	0.60±0.13
	大型底栖生物	H'	—	2.92	2.20	2.43	2.13	2.01	2.34±0.16
		J'	—	0.71	0.73	0.68	0.76	0.72	0.72±0.01
		D_v	—	2.08	1.61	1.65	1.62	1.44	1.68±0.11
新村港	浮游植物	H'	2.04	2.19	1.87	1.63	1.36	0.70	1.63±0.22
		J'	0.51	0.51	0.44	0.39	0.34	0.18	0.40±0.5
		D_v	1.05	1.13	0.91	0.65	0.50	0.15	0.73±0.15
	浮游动物	H'	2.05	2.18	2.05	2.26	1.84	2.28	2.11±0.07
		J'	0.79	0.67	0.66	0.66	0.66	0.74	0.70±0.02
		D_v	1.64	1.47	1.34	1.50	1.22	1.69	1.48±0.07
	大型底栖生物	H'	0.55	0.05	0.44	0.96	1.46	—	0.70±0.24
		J'	0.39	0.03	0.16	0.77	0.84	—	0.44±0.16
		D_v	0.21	0.00	0.14	0.73	1.19	—	0.45±0.22

监控区	项目	指数	站位						$\bar{x} \pm S$
			1	2	3	4	5	6	
东寨港	浮游植物	H'	1.17	2.00	2.86	3.02	2.67	1.46	2.20 ± 0.32
		J'	0.29	0.65	0.86	0.84	0.80	0.42	0.65 ± 0.10
		D_v	0.36	1.34	2.45	2.55	2.16	0.61	1.58 ± 0.39
	浮游动物	H'	1.47	0.87	1.22	1.10	1.15	1.43	1.21 ± 0.09
		J'	0.83	0.87	0.94	0.63	0.82	0.64	0.79 ± 0.05
		D_v	1.33	0.76	1.16	0.77	0.91	0.95	0.98 ± 0.09
	大型底栖生物	H'	1.19	1.62	1.43	0.93	0.98	1.60	1.29 ± 0.12
		J'	0.91	0.80	0.67	0.71	0.78	0.90	0.80 ± 0.04
		D_v	1.09	1.38	0.95	0.68	0.75	1.45	1.05 ± 0.13
洋浦港	浮游植物	H'	2.53	2.20	2.04	1.89	1.94	1.76	2.06 ± 0.11
		J'	0.56	0.48	0.49	0.42	0.43	0.39	0.46 ± 0.02
		D_v	1.42	1.12	0.99	0.80	0.84	0.71	0.98 ± 0.11
	浮游动物	H'	2.85	2.27	1.68	2.60	2.09	1.37	2.14 ± 0.23
		J'	0.84	0.72	0.64	0.84	0.90	0.87	0.80 ± 0.04
		D_v	2.42	1.66	1.10	2.18	1.89	1.14	1.73 ± 0.22
	大型底栖生物	H'	0.80	1.93	1.35	0.91	1.67	0.84	1.15 ± 0.19
		J'	0.40	0.89	0.93	0.71	0.91	0.84	0.78 ± 0.08
		D_v	0.64	1.72	1.23	0.65	1.48	0.73	1.07 ± 0.19

　　根据浮游植物群落结构多样性指数、均匀度指数与污染程度的关系可知,清澜港、小海、新村港、东寨港、洋浦港均处于中度污染状态。根据多样性阈值等级模型可知,清澜港浮游植物、浮游动物及大型底栖生物均处于2级水平,多样性一般;小海浮游植物、浮游动物均处于2级水平,多样性一般,而大型底栖生物处于3级水平,多样性较好;新村港浮游植物、浮游动物均处于2级水平,多样性一般,而大型底栖生物处于1级水平,多样性较差;东寨港浮游植物、浮游动物及大型底栖生物均处于2级水平,多样性一般;洋浦港浮游植物、大型底栖生物均处于2级水平,多样性一般,而浮游动物处于3级水平,多样性较好。

2.8.3 综合评价

海南岛重点港湾监控区生物生态环境质量指数如表 2-22 所示。

表 2-22 海南岛重点港湾监控区生物生态环境质量指数

监控区	指数					综合评价
	初级生产力	浮游植物	浮游动物	大型底栖生物	综合	
清澜港	0.23	0.71	0.01	0.34	0.32	优良
小海	0.66	0.37	0.49	0.33	0.46	良好
新村港	0.34	0.34	0.19	0.33	0.33	优良
东寨港	1.19	0.53	0.80	0.69	0.79	一般
洋浦港	0.33	0.44	0.77	0.65	0.55	良好
综合	0.52	0.42	0.37	0.47	0.45	良好

清澜港初级生产力水平较高；浮游植物生物量为中等水平，浮游动物和大型底栖生物生物量均为高等水平；多样性一般，污染程度为中度污染；生态环境质量综合指数为0.32，总体处于优良水平（2级）。小海初级生产力水平为中等；浮游植物和大型底栖生物生物量均为高等水平，浮游动物生物量为中高水平；多样性一般，污染程度为中度污染；生态环境质量综合指数为0.46，总体处于良好水平（3级）。新村港初级生产力水平为中高等；浮游植物和大型底栖生物生物量均为高等水平，浮游动物达超高等水平；浮游生物多样性一般，底栖生物多样性较差，污染程度为中度污染；生态环境质量综合指数为0.33，总体处于优良水平（2级）。东寨港初级生产力水平为低等；浮游植物和大型底栖生物生物量均为中高等水平，浮游动物为中等水平；三类生物多样性均一般，污染程度为中度污染；生态环境质量综合指数为0.79，总体处于一般水平（4级）。洋浦港初级生产力水平为高等；浮游植物为中高等水平，浮游动物和大型底栖生物生物量均为中等水平；浮游动物和大型底栖生物多样性均一般，浮游动物多样性较好，污染程度为中度污染；生态环境质量综合指数为0.55，总体处于良好水平（3级）。

总体而言，海南岛重点港湾监控区初级生产力平均为4级，环境质量指数为0.52，属于较高水平区域；浮游植物总均值为4级，环境质量指数为0.42，属于较高水平区域；浮游动物总均值为5级，环境质量指数为0.37，属于高水平区域；大型底栖生物总均值为4级，环境质量指数为0.47，属于中高水平区域；综合评价指数为0.45，总体处于良好水平。

③ 2009年海口湾生态评价

3.1　海口湾生态环境特征

　　海口湾是指海口市北部秀英港，过万绿园直到新港的海湾，长近5km，面积约43.7km²，位于海口市北部，琼州海峡中段南侧，与雷州半岛隔海相望。海口湾地处南渡江出海口，是一个向正北琼州海峡敞开的半圆形海湾。海口湾东部的海甸岛和西部的新海村为其两个岬角，其东侧岬角为南渡江三角洲堆积体，西侧为新海岬角，中间为圆弧形海岸。湾内水深2～6m，东部较平坦，海岸线长20.5km，平均潮差1.1m。

　　海口湾是半封闭海湾，区域环流相对较弱，同时，海湾的大量建筑物进一步削弱了该海域的水动力。海口湾弱化的水动力条件使得该海域对营养盐等污染物质的净化能力降低，一旦高通量的陆源污染物与其相叠加，则极易在其它环境条件适宜时诱发赤潮。龙昆沟排污口是海口市的重点排污口，其邻近海域常年处于污染或重污染状态，主要污染要素是活性磷酸盐和无机氮，它们在潮汐和海流的共同作用下扩散，导致海口湾水体富营养化日益严重，赤潮频发。

3.2　监测站位布设

　　海口湾监测站位布设见图3－1。

图3－1　海口湾站位布设

3.3 浮游植物群落结构

本次监测所采集到的浮游植物总计 39 种（属）（表 3-1），1 号和 2 号站位的浮游植物密度分别为 1.114×10^9 ind /m³ 和 1.884×10^9 ind /m³。其中，硅藻最多，共 20 种（属），约占浮游植物总种数的 51%，优势种是中肋骨条藻（*Skeletonema costatum*），出现率为 100%，最高密度达 1.638×10^9 ind /m³；诺氏海链藻（*Thalassiosira nordenskioldi*），出现率为 100%，最高密度达 6.734×10^9 ind /m³；菱形藻（*Nitzschia* sp.），出现率为 100%，最高密度达 3.64×10^8 ind /m³；隐秘小环藻（*Cyclotella cryptica*），出现率为 100%，最高密度达 3.64×10^8 ind /m³。其次是甲藻，共 9 种（属），约占浮游植物总种数的 23%，优势种是薄甲藻（*Glenodinium* sp.），出现率为 100%，最高密度达 9.1×10^7 ind /m³；锥形原多甲藻（*Protoperidinium conicum*），出现率为 100%，最高密度达 1.2×10^7 ind /m³。绿藻 5 种（属），约占浮游植物总种数的 13%，优势种是塔胞藻（*Pyramidomonas* sp.），出现率为 100%，最高密度达 4.3×10^9 ind /m³。蓝藻 4 种（属）和隐藻 1 种（属），分别占浮游植物总种数的 10% 和 3%。

表 3-1　海口湾浮游植物种类组成

序号	浮游植物	优势种	出现率（%）
	硅藻		
1	洛氏角毛藻 *Chaetoceros lorenzianus*	* *	50
2	垂缘角毛藻 *Chaetoceros laciniosus*	* *	50
3	星脐圆筛藻 *Coscinodiscus asteromphalus*	*	50
4	线性圆筛藻 *Coscinodiscus lineatus*	* * *	100
5	辐射圆筛藻 *Coscinodiscus radiatus*	*	50
6	隐秘小环藻 *Cyclotella cryptica*	* * *	100
7	脆指管藻 *Dactyliosolen fragilissimus*	* * *	100
8	布氏双尾藻 *Ditylum brightwellii*	*	50
9	具槽直链藻 *Melosira sulcata*	* *	100
10	舟形藻 *Navicula* sp.	* *	50
11	菱形藻 *Nitzschia* sp.	* * *	100
12	长耳齿状藻 *Odontella aurita*	* *	100
13	中华齿状藻 *Odontella sinensis*	* *	100
14	布纹藻 *Gyrosigma* sp.	* *	100
15	中肋骨条藻 *Skeletonema costatum*	* * * *	100
16	针杆藻 *Synedra* sp.	* *	100
17	菱形海线藻 *Thalassionema nitzschioides*	*	50
18	诺氏海链藻 *Thalassiosira nordenskioldi*	* * * *	100
19	佛氏海毛藻 *Thalassiothrix frauenfeldii*	* *	100
20	网纹三角藻 *Triceratium reticulum*	* * *	100

序号	浮游植物	优势种	出现率（%）
甲藻			
21	大角新角藻 Neoceratium macroceros	*	50
22	叉新角藻 Neoceratium furca	*	50
23	梭新角藻 Neoceratium fusus	*	50
24	剧毒冈比甲藻 Gambierdiscus toxicus	*	50
25	薄甲藻 Glenodinium sp.	* * *	100
26	具刺膝沟藻 Gonyaulax spinifera	*	50
27	反曲原甲藻 Prorocentrum sigmoides	*	50
28	海洋原甲藻 Prorocentrum micans	* *	100
29	锥形原多甲藻 Protoperidinium conicum	* * *	100
绿藻			
30	纤维藻 Ankistrodesmus sp.	* * * *	100
31	蛋白核小球藻 Chlorella pyrenoidesa	* *	50
32	盘星藻 Pediastrum sp.	* *	50
33	塔胞藻 Pyramidomonas sp.	* * * *	100
34	栅藻 Scenedesmus sp.	* *	50
蓝藻			
35	色球藻 Chroococcus sp.	* * * *	100
36	铜绿微囊藻 Microcystis aeruginosa	* *	100
37	颤藻 Oscillatoria sp.	* *	100
38	极大螺旋藻 Spirulina maxima	* *	100
隐藻			
39	隐藻 Cryptomonas sp.	* * * *	100

海口湾1号和2号站位的浮游植物群落结构多样性指数分别为2.05和3.4；均匀度指数分别为0.39和0.64；优势度指数分别为0.64和0.52；丰富度指数分别为1.29和1.69。结果显示，浮游植物群落结构多样性指数大于3的站位占50%；均匀度指数较理想；优势度指数偏低；丰富度指数适中。以浮游植物而言，该海域较为清洁。

3.4 浮游动物群落结构

本次监测所采集到的浮游动物总计12种（表3-2），1号和2号站位的浮游动物密度分别为8.61×10^5ind/m³和2.56×10^5ind/m³，生物量分别为19.1mg/m³和76.4mg/m³。其中，原生动物最多，共8种，占浮游动物总种数的67%，优势种为妥肯丁拟铃虫

（*Tintinnopsis tocantinensis*），出现率为100%，最高密度达3.61×10^5ind／m³；其次是桡足类，共4种，占浮游动物总种数的33%，优势种为中华哲水蚤（*Calanus sinicus*），出现率为50%，最高密度达4.4×10^4ind／m³。

表3-2　海口湾浮游动物种类组成

序号	浮游动物	优势种	出现率（%）
原生动物			
1	肾状肾形虫 *Colpoda reniformis*	＊＊	50
2	栉毛虫 *Didinium* sp.	＊	50
3	诺氏麻铃虫 *Leprotintinnus nordquisti*	＊＊＊	100
4	绿隐游虫 *Strombidium viride*	＊＊	50
5	布氏拟铃虫 *Tintinnopsis bütschlii*	＊	50
6	根状拟铃虫 *Tintinnopsis radix*	＊＊	50
7	中华拟铃虫 *Tintinnopsis sinensis*	＊＊＊	50
8	妥肯丁拟铃虫 *Tintinnopsis tocantinensis*	＊＊＊＊	100
桡足类			
9	中华哲水蚤 *Calanus sinicus*	＊	50
10	尖额真猛水蚤 *Euterpina acutifrons*	＊	50
11	驼背羽刺大眼水蚤 *Farranula gibbula*	＊	50
12	坚长腹剑水蚤 *Oithona rigida*	＊	50

海口湾1号和2号站位的浮游动物群落结构多样性指数分别为1.51和1.95；均匀度指数分别为0.38和0.49；优势度指数分别为0.7和0.39；丰富度指数分别为0.51和1.38。结果显示，浮游动物群落结构多样性指数较低，小于2而大于1的站位占100%；均匀度指数适中；优势度指数和丰富度指数均偏低。以浮游动物而言，该海域为中度污染。

3.5　底栖生物群落结构

本次监测所采集到的底栖生物总计6种（属）（表3-3），1号和2号站位的底栖生物密度分别为37.5个／m²和62.5个／m²，生物量分别为6.9g／m²和9.1g／m²。其中，优势种为背蚓虫（*Notomastus latericeus*）和刺沙蚕（*Neanthes* sp.），出现率均为100%，最高密度均为12.5个／m²。生物组成以多毛纲为主，占50%；软体动物和环节动物各占25%。软体动物生物量最高，占总生物量的59%；多毛纲和环节动物分别占27%和14%。

表 3-3　海口湾底栖生物种类组成

序号	底栖生物	优势种	出现率（％）
1	日本索沙蚕 *Lumbrineris japonica*	＊＊	50
2	索沙蚕 *Lumbrineris* sp.	＊＊	50
3	刺沙蚕 *Neanthes* sp.	＊＊＊	100
4	背蚓虫 *Notomastus latericeus*	＊＊＊	100
5	瑰斑竹蛏 *Solen roseomaculatus*	＊＊	50
6	薄云母蛤 *Yoldia similis*	＊＊	50

海口湾 1 号和 2 号站位的底栖生物群落结构多样性指数分别为 1.58 和 2.32；均匀度指数分别为 0.34 和 0.90；优势度指数分别为 0.67 和 0.40；丰富度指数分别为 1.26 和 1.72。结果显示，底栖生物群落结构多样性指数较低，小于 3 而大于 2 的站位占 50%；均匀度指数较理想；优势度指数偏低；丰富度指数适中。以底栖生物而言，该海域为轻度污染。

3.6　鱼卵和仔鱼

本次监测所采集到的鱼卵和仔鱼总计 3 种（表 3-4）。其中，优势种为卵鳎（*Solea ovata*）和长吻牛尾鱼（*Suggrundus longirostris*），出现率均为 100%。

表 3-4　海口湾鱼卵和仔鱼种类组成及密度

站位	鱼卵和仔鱼	发育阶段	密度（个/m³）
1	卵鳎 *Solea ovata*	鱼卵	0.7
		仔鱼	0
	长吻牛尾鱼 *Suggrundus longirostris*	鱼卵	0
		仔鱼	0.3
2	短体银鲈 *Gerres abbreviatus*	鱼卵	0.2
		仔鱼	0.2
	卵鳎 *Solea ovata*	鱼卵	0.7
		仔鱼	0
	长吻牛尾鱼 *Suggrundus longirostris*	鱼卵	1.0
		仔鱼	0.5

3.7　潮间带生物

秀英滨海浴场断面潮间带所采集到的生物总计 3 种（表 3-5）。生物组成以环节动物为主，占 67%；多毛纲占 33%。

表 3 – 5　秀英滨海浴场断面潮间带生物密度及生物量

潮间带生物	密度（个/m²）	生物量（g/m²）
刚鳃虫 Chaetozone setosa	12.5	3.3
背蚓虫 Notomastus latericeus	12.5	3.3
软疣沙蚕 Tylonereis bogoyawleskyi	12.5	3.3

3.8　渔业资源

海口湾 1 号和 2 号站位总计捕获 17 种渔业资源（表 3 – 6）。其中，鱼类 10 种，占 58%；蟹类 3 种，占 18%；虾类和软体动物均为 2 种，各占 12%。1 号站位渔业资源主要是鱼类，占 60%；其次是蟹类，占 20%；虾类和软体动物均占 10%。2 号站位渔业资源主要也是鱼类，占 69%；其次是蟹类，占 15%；虾类和软体动物均占 8%。

表 3 – 6　海口湾渔业资源种类及密度

序号	渔业资源	密度（×10⁻³个/m³）	
		1 号站位	2 号站位
1	深鰕虎鱼 Bathygobius fuscus	0.18	0.18
2	繁星鲆 Bothus myriaster	—	0.18
3	单孔舌鳎 Cynoglossus itinus	0.24	0.24
4	短体银鲈 Gerres abbreviatus	0.30	—
5	中国枪乌贼 Loligo chinensis	—	0.24
6	黄鳍马面鲀 Navodon xanthopterus	0.24	0.24
7	头孔塘鳢 Ophiocara porocephala	—	0.12
8	斑节对虾 Penaeus monodon	—	0.30
9	远洋梭子蟹 Portunus pelagicus	1.27	—
10	红星梭子蟹 Portunus sanguinolentus	0.90	—
11	锯缘青蟹 Scylla serrata	1.08	1.08
12	罗氏乌贼 Sepia robsoni	0.18	—
13	卵鳎 Solea ovata	0.12	0.06
14	口虾蛄 Oratosquilla oratoria	0.18	—
15	长吻牛尾鱼 Suggrundus longirostris	0.48	0.78
16	条纹鸡鱼 Terapon theraps	0.18	0.36
17	条纹绯鲤 Upeneus bensasi	—	0.24

4 2009 年调楼港生态评价

4.1 调楼港生态环境特征

调楼港是临高县调楼镇的优良渔港之一。调楼镇地处海南省西部北部湾畔，是一个闻名遐迩的渔农结合乡镇，素有"南国明珠"之称。全镇面积 57.84km²，海岸线长 11km，海滩涂面积 200 hm²，沿海珊瑚礁面积 358.2hm²，拥有得天独厚的海水养殖条件和人文景观。调楼镇主要经济产业有海洋捕捞业、海水养殖业，海洋捕捞业是该镇的主要支柱产业。

4.2 监测站位布设

调楼港监测站位布设见图 4 - 1。

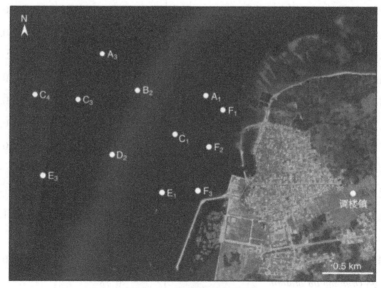

图 4 - 1 调楼港站位布设

4.3 初级生产力

6 个站位（A_1，B_2，C_3，C_4，D_2，E_1）的监测结果显示，调楼港初级生产力水平较低，各站位之间差异较大（表 4 - 1）。

表 4-1	调楼港初级生产力分布		表 4-2	调楼港浮游植物密度分布

表 4-1 调楼港初级生产力分布

站位	初级生产力（$mgC/m^2 \cdot d$）
A_1	187
B_2	210
C_3	231
C_4	290
D_2	190
E_1	189

表 4-2 调楼港浮游植物密度分布

站位	密度（$\times 10^4 ind/m^3$）
A_1	824
A_3	4567
B_2	2844
C_1	3198
C_3	3458
C_4	4103
D_2	1916
E_1	1398
E_3	3368

4.4 浮游植物群落结构

9 个站位（A_1，A_3，B_2，C_1，C_3，C_4，D_2，E_1，E_3）的监测结果显示，A_3 站位浮游植物密度最高，为 $4.57 \times 10^7 ind/m^3$；A_1 站位最低，为 $8.24 \times 10^6 ind/m^3$（表 4-2）。调楼港浮游植物总计 74 种（属）（表 4-3）。其中，硅藻最多，共 55 种（属），占浮游植物总种数的 74%，优势种是脆指管藻（*Dactyliosolen fragilissimus*），出现率为 100%，最高密度为 $7.44 \times 10^6 ind/m^3$；隐秘小环藻（*Cyclotella cryptica*），出现率为 100%，最高密度为 $7.28 \times 10^6 ind/m^3$；中肋骨条藻（*Skeletonema costatum*），出现率为 100%，最高密度为 $3.64 \times 10^6 ind/m^3$；霍氏半管藻（*Hemiaulus hauckii*），出现率为 100%，最高密度为 2.37×10^6 ind/m^3；布纹藻（*Gyrosigma* sp.），出现率为 100%，最高密度为 $0.24 \times 10^6 ind/m^3$。

表 4-3 调楼港浮游植物种类组成及密度

序号	浮游植物	密度（$\times 10^4 ind/m^3$）	优势种	出现率（%）
		硅藻		
1	脆指管藻 *Dactyliosolen fragilissimus*	744.0	＊＊＊	100
2	隐秘小环藻 *Cyclotella cryptica*	728.0	＊＊＊	100
3	中肋骨条藻 *Skeletonema costatum*	364.0	＊＊＊	100
4	霍氏半管藻 *Hemiaulus hauckii*	236.6	＊＊＊	100
5	布纹藻 *Gyrosigma* sp.	24.0	＊＊＊	100
6	变异直链藻 *Melosira varians*	364.0	＊＊	89

序号	浮游植物	密度 ($\times 10^4$ind/m^3)	优势种	出现率（%）
	硅藻			
7	针杆藻 *Synedra* sp.	364.0	* *	89
8	舟形藻 *Navicula* sp.	182.0	* *	89
9	长海毛藻 *Thalassiothrix longissima*	182.0	* *	89
10	翼根管藻印度变型 *Rhizosolenia alata* f. *indica*	10.0	* *	89
11	丹麦细柱藻 *Leptocylindrus danicus*	728.0	* *	78
12	菱形藻 *Nitzschia* sp.	546.0	* *	78
13	布氏双尾藻 *Ditylum brightwellii*	10.0	* *	78
14	浮动弯角藻 *Eucampia zoodiacus*	546.0	* *	67
15	格氏圆筛藻 *Coscinodiscus granii*	364.0	* *	67
16	线性圆筛藻 *Coscinodiscus lineatus*	182.0	* *	67
17	笔尖根管藻 *Rhizosolenia styliformis*	109.2	* *	67
18	脆杆藻 *Fragilaria* sp.	30.0	* *	67
19	长刺根管藻 *Rhizosolenia longiseta*	910.0	*	56
20	双突角毛藻 *Chaetoceros didymus*	546.0	*	56
21	辐射圆筛藻 *Coscinodiscus radiatus*	182.0	*	56
22	双壁藻 *Diploneis* sp.	182.0	*	56
23	萎软几内亚藻 *Guinardia flaccida*	182.0	*	44
24	中华齿状藻 *Odontella sinensis*	127.4	*	44
25	洛氏角毛藻 *Chaetoceros lorenzianus*	364.0	*	33
26	长菱形藻 *Nitzschia longissima*	364.0	*	33
27	中华半管藻 *Hemiaulus sinensis*	182.0	*	33
28	卵形双菱藻 *Surirella ovata*	182.0	*	33
29	菱形海线藻 *Thalassionema nitzschioides*	12.0	*	33
30	威利圆筛藻 *Coscinodiscus wailesii*	10.0	*	33
31	中心圆筛藻 *Coscinodiscus centralis*	8.0	*	33
32	双菱藻 *Surirella* sp.	4.0	*	33
33	圆海链藻 *Thalassiosira rotula*	4.0	*	33
34	中华盒形藻 *Bidduiphia sinensis*	728.0	*	22
35	条纹几内亚藻 *Guinardia striata*	546.0	*	22
36	旋链角毛藻 *Chaetoceros curvisetus*	366.6	*	22
37	透明辐杆藻 *Bacteriastrum hyalinum*	182.0	*	22

序号	浮游植物	密度 （×10⁴ind／m³）	优势种	出现率（%）
	硅藻			
38	佛氏海毛藻 *Thalassiothrix frauenfeldii*	182.0	*	22
39	优美曲壳藻 *Achnanthes delicatula*	2.0	*	22
40	具槽直链藻 *Melosira sulcata*	2.0	*	22
41	扭鞘藻 *Streptotheca thamesis*	2.0	*	22
42	柔弱几内亚藻 *Guinardia delicatula*	0.3	*	22
43	假弯角毛藻 *Chaetoceros pseudocurvisetus*	364.0	*	11
44	桥弯藻 *Cymbella* sp.	364.0	*	11
45	异端藻 *Gomphonema* sp.	182.0	*	11
46	钝根管藻 *Rhizosolenia hebetata*	182.0	*	11
47	刚毛根管藻 *Rhizosolenia setigera*	182.0	*	11
48	派格棍形藻 *Bacillaria paxillifera*	11.9	*	11
49	透明辐杆藻 *Bacteriastrum hyalinum*	4.0	*	11
50	秘鲁角毛藻 *Chaetoceros peruvianus*	2.0	*	11
51	条纹小环藻 *Cyclotella striata*	2.0	*	11
52	地中海指管藻 *Dactyliosolen mediterraneus*	2.0	*	11
53	楔形藻 *Licmophora* sp.	2.0	*	11
54	优美辐杆藻 *Bacteriastrum delicatulum*	0.1	*	11
55	诺氏海链藻 *Thalassiosira nordenskioldi*	0.1	*	11
	甲藻			
56	裸甲藻 *Gymnodinium* sp.	546.0	* *	89
57	海洋原甲藻 *Prorocentrum micans*	10.0	* *	78
58	夜光藻 *Noctiluca scintillans*	4.0	*	56
59	五角原多甲藻 *Protoperidinium pentagonum*	4.0	*	44
60	叉新角藻 *Neoceratium furca*	2.0	*	44
61	短角新角藻 *Neoceratium breve*	32.0	*	33
62	原多甲藻 *Protoperidinium* sp.	364.0	*	22
63	多甲藻 *Peridinium* sp.	182.0	*	22
64	剧毒冈比甲藻 *Gambierdiscus toxicus*	4.0	*	22
65	海洋原多甲藻 *Protoperidinium oceanicum*	2.1	*	22
66	反曲原甲藻 *Prorocentrum sigmoides*	2.0	*	22
67	梭新角藻 *Neoceratium fusus*	0.1	*	22

序号	浮游植物	密度 ($\times 10^4$ind/m³)	优势种	出现率（%）
	甲藻			
68	春膝沟藻 *Gonyaulax verior*	182.0	*	11
69	链状裸甲藻 *Gymnodinium catenatum*	182.0	*	11
70	利玛原甲藻 *Prorocentrum lima*	60.0	*	11
71	多纹膝沟藻 *Gonyaulax polygramma*	6.0	*	11
72	三角新角藻 *Neoceratium tripos*	2.0	*	11
73	具尾鳍藻 *Dinophysis caudata*	2.0	*	11
74	具刺膝沟藻 *Gonyaulax spinifera*	0.1	*	11

调楼港浮游植物群落结构多样性指数为 2.25～3.57；均匀度指数为 0.47～0.73；丰富度指数为 1.55～2.64；优势度指数为 0.14～0.50（表 4-4）。结果显示，浮游植物群落结构多样性指数较理想，大于 3 的站位占 67%；丰富度适中。

表 4-4　调楼港浮游植物群落结构指数

站位	多样性指数	均匀度指数	丰富度指数	优势度指数
A_1	2.25	0.47	2.00	0.15
A_3	3.41	0.65	2.39	0.50
B_2	3.26	0.61	2.64	0.29
C_1	3.34	0.67	2.00	0.21
C_3	3.57	0.73	1.92	0.28
C_4	3.56	0.71	2.02	0.22
D_2	2.86	0.63	1.55	0.35
E_1	2.47	0.53	1.74	0.21
E_3	3.55	0.73	1.86	0.14

4.5　浮游动物群落结构

9 个站位（A_1，A_3，B_2，C_1，C_3，C_4，D_2，E_1，E_3）的监测结果显示，E_3 站位浮游

动物密度最高，为 $4.20 \times 10^5 \mathrm{ind/m^3}$；$D_2$ 站位最低，为 $4.00 \times 10^4 \mathrm{ind/m^3}$（表 4 – 5）。调楼港浮游动物总计 29 种（表 4 – 6）。其中，原生动物 7 种，优势种为旋回侠盗虫（*Strobilidium gyrans*），出现率为 78%，最高密度 $1.00 \times 10^5 \mathrm{ind/m^3}$；大弹跳虫（*Halteria grandinella*），出现率为 67%，最高密度 $1.82 \times 10^5 \mathrm{ind/m^3}$；奥氏类铃虫（*Codonellopsis ostenfeldi*），出现率为 67%，最高密度 $0.20 \times 10^4 \mathrm{ind/m^3}$。桡足类 13 种，但未形成优势种。

表 4 – 5　调楼港浮游动物密度及生物量分布

站位	密度（$\times 10^4 \mathrm{ind/m^3}$）	生物量（$\mathrm{mg/m^3}$）
A_1	12	300
A_3	29	469
B_2	14	443
C_1	22	161
C_3	24	227
C_4	6	176
D_2	4	60
E_1	8	64
E_3	42	540

表 4 – 6　调楼港浮游动物种类组成及密度

序号	浮游动物	密度（$\times 10^4 \mathrm{ind/m^3}$）	优势种	出现率（%）
原生动物				
1	旋回侠盗虫 *Strobilidium gyrans*	10.0	* *	78
2	大弹跳虫 *Halteria grandinella*	18.2	* *	67
3	奥氏类铃虫 *Codonellopsis ostenfeldi*	0.20	* *	67
4	东方拟铃虫 *Tintionnopsis orientalis*	4.00	*	33
5	中华拟铃虫 *Tintinnopsis sinensis*	0.10	*	22
6	妥肯丁拟铃虫 *Tintinnopsis tocantinensis*	10.0	*	11
7	藻壳砂壳虫 *Difflugia bacillarum*	2.00	*	11
轮虫				
8	三肢轮虫 *Filinia* sp.	2.00	*	11

序号	浮游动物	密度 （×10⁴ind/m³）	优势种	出现率（%）
	桡足类			
9	无节幼体 Nauplius	12.0	* *	89
10	桡足幼体 Copepodite	0.30	*	44
11	长角真刺水蚤 Euchaeta longicornis	0.20	*	33
12	坚长腹剑水蚤 Oithona rigida	0.20	*	33
13	小拟哲水蚤 Paracalanus parvus	0.20	*	33
14	挪威小毛猛水蚤 Microsetella norvegica	0.10	*	33
15	小哲水蚤 Nannocalanus minor	0.10	*	33
16	柔大眼剑水蚤 Corycaeus flaccus	0.20	*	22
17	拟长腹剑水蚤 Oithona similis	0.10	*	22
18	长毛基齿哲水蚤 Clausocalanus furcatus	0.20	*	11
19	中华哲水蚤 Calanus sinicus	0.10	*	11
20	尖额真猛水蚤 Euterpina acutifrons	0.10	*	11
21	驼背羽刺大眼水蚤 Farranula gibbula	0.10	*	11
22	玫瑰小毛猛水蚤 Microsetella rosea	0.10	*	11
23	大同长腹剑水蚤 Oithona similes	0.10	*	11
	水母			
24	拟细浅室水母 Lensia subtiloides	0.30	*	33
25	小舌硬水母 Liriope sp.	0.10	*	11
	多毛类			
26	疣足幼体 Nectochaete	0.10	*	22
27	规则箭虫 Sagitta regularis	0.20	*	11
	被囊类			
28	异体住囊虫 Oikopleura dioica	6.00	* *	67
29	长尾住囊虫 Oikopleura longicauda	0.10	*	11

　　调楼港浮游动物群落结构多样性指数为 0.95～2.78；均匀度指数为 0.43～0.81；丰富度指数为 0.47～2.16；优势度指数为 0～0.98（表 4-7）。结果显示，浮游动物群落结构多样性指数较低，小于 2 大于 1 的站位占 90%；均匀度指数和丰富度指数适中；优势度指数总体较理想。

表 4 - 7　调楼港浮游动物群落结构指数

站位	多样性指数	均匀度指数	丰富度指数	优势度指数
A_1	2.78	0.69	2.16	0.37
A_3	1.78	0.43	2.07	0.62
B_2	2.21	0.58	1.83	0
C_1	2.09	0.81	0.64	0.25
C_3	1.94	0.75	0.63	0.98
C_4	1.87	0.72	0.84	0.25
D_2	1.31	0.65	0.56	0
E_1	0.95	0.48	0.47	0.49
E_3	2.09	0.81	0.57	0.62

4.6　底栖生物群落结构

3 个站位（A_1，C_1，E_1）的监测结果显示，A_1 和 E_1 站位底栖生物密度最高，均为 68.8ind /m^2；C_1 站位最低，为 50.0ind /m^2（表 4 - 8）。调楼港底栖生物总计 24 种（属）（表 4 - 9）。其中，优势种为刚鳃虫（_Chaetozone setosa_），出现率为 67%，最高密度 12.5ind /m^2；薄云母蛤（_Yoldia similis_），出现率为 67%，最高密度 6.3ind /m^2。

表 4 - 8　调楼港底栖生物密度及生物量分布

站位	密度（ind /m^2）	生物量（g /m^2）
A_1	68.8	12.5
C_1	50.0	12.9
E_1	68.8	17.7

表 4 - 9　调楼港底栖生物种类组成

序号	底栖生物	优势种	出现率（%）
	多毛类		
1	刚鳃虫 _Chaetozone setosa_	＊＊	67
2	双鳃内卷齿蚕 _Aglaophamus dibranchis_	＊	33
3	光滑倍棘蛇尾 _Amphioplus laevis_	＊	33
4	长吻吻沙蚕 _Glycera chirori_	＊	33
5	日本索沙蚕 _Lumbrineris japonica_	＊	33
6	索沙蚕 _Lumbrineris_ sp.	＊	33

序号	底栖生物	优势种	出现率（%）
多毛类			
7	刺沙蚕 *Neanthes* sp.	*	33
8	背蚓虫 *Notomastus latericeus*	*	33
9	斑瘤蛇尾 *Ophiocnemis marmorata*	*	33
10	花冈钩毛虫 *Sigambra hanaokai*	*	33
11	不倒翁虫 *Sternaspis scutata*	*	33
12	软疣沙蚕 *Tylonereis bogoyawleskyi*	*	33
软体动物			
13	薄云母蛤 *Yoldia similis*	* *	67
14	鹧鸪轮螺 *Architectonica perdix*	*	33
15	四齿厚唇螺 *Diacria quadridentata*	*	33
16	瑰斑竹蛏 *Solen roseomaculatus*	*	33
17	枝沟角贝 *Striodentalium rhabdotum*	*	33
节肢动物			
18	日本美人虾 *Callianassa japonica*	*	33
19	亨生莹虾 *Lucifer hanseni*	*	33
20	瓷蟹 *Porcellana* sp.	*	33
21	中型节糠虾 *Siriella media*	*	33
22	白合甲虫 *Synelmis albini*	*	33
星虫类			
23	盾管星虫 *Aspidosiphon* sp.	*	33
24	可口革囊星虫 *Phascolosoma esculenta*	*	33

调楼港底栖生物群落结构多样性指数为 2.75～3.28；均匀度指数为 0.98～0.99；丰富度指数为 2.00～2.60；优势度指数为 0.10～0.13（表 4－10）。结果显示，底栖生物群落结构多样性指数较低，小于 3 大于 2 的站位占 67%；均匀度指数较理想；丰富度指数适中；优势度指数偏低。

表 4－10 调楼港底栖生物群落结构指数

站位	多样性指数	均匀度指数	丰富度指数	优势度指数
A_1	3.10	0.98	2.31	0.13
C_1	2.75	0.98	2.00	0.10
E_1	3.28	0.99	2.60	0.10

4.7 潮间带生物

3 个站位（F_1，F_2，F_3）的监测结果显示，F_3 站位潮间带生物密度最高，为 75.0ind $/m^2$；F_2 站位最低，为 50.0ind $/m^2$（表 4 - 11）。调楼港潮间带生物总计 12 种（属）（表 4 - 12），其中，优势种是刚鳃虫（*Chaetozone setosa*）、背蚓虫（*Notomastus latericeus*）、软疣沙蚕（*Tylonereis bogoyawleskyi*），出现率均为 67%，最高密度均为 12.5ind $/m^2$。

表 4 - 11　调楼港潮间带生物密度及生物量分布

站位	密度（ind $/m^2$）	生物量（g $/m^2$）
F_1	63.0	16.0
F_2	50.0	18.0
F_3	75.0	27.0

表 4 - 12　调楼港潮间带生物种类组成

序号	潮间带生物	优势种	出现率（%）
多毛类			
1	刚鳃虫 *Chaetozone setosa*	* *	67
2	背蚓虫 *Notomastus latericeus*	* *	67
3	软疣沙蚕 *Tylonereis bogoyawleskyi*	* *	67
4	长吻吻沙蚕 *Glycera chirori*	*	33
节肢动物			
5	海蟑螂 *Ligia exotica*	*	33
6	特异大权蟹 *Macromedaeus distinguendus*	*	33
7	寄居蟹 *Pagurus sp.*	*	33
8	贪精武蟹 *Parapanope euagora*	*	33
9	海钩虾 *Pontogeneia sp.*	*	33
软体动物			
10	四齿厚唇螺 *Diacria quadridentata*	*	33
11	拟枣贝 *Erronea errones*	*	33
12	白条类栉孔扇贝 *Mimachlamys albolineata*	*	33

5 2009年洋浦港生态评价

5.1 洋浦港生态环境特征

洋浦港位于海南省洋浦经济开发区境内,介于海口港与八所港之间。水深、避风、回淤量少、可利用海岸线长,素有"天然深水良港"之称,是海南西北部工业走廊出海通道的重要出海口。

洋浦港平均水深11m,最深处24.60m,海底倾斜度2°左右,底质为泥沙。气候温和,年平均气温24.7℃,水温常年在10～20℃之间。距离港区2km处的偏东南海滩能起到消波隐浪的作用。港内可容大小船舶几百艘,2万吨左右的轮船不受潮水影响,可自由进出港。洋浦开发区成立后,先后修建了洋浦港务码头、洋浦金海浆纸运输码头、海南省炼化成品油码头、海南炼化原油码头。

5.2 监测站位布设

洋浦港监测站位布设见图5-1。

图5-1 洋浦港站位布设

5.3 初级生产力

12 个站位的监测结果显示，洋浦港初级生产力水平较高，各站位之间差异较大（表 5 - 1）。

表 5 - 1 洋浦港初级生产力分布

站位	初级生产力（mgC /m^2 · d）	站位	初级生产力（mgC /m^2 · d）
3	124.56	12	87.96
5	230.21	14	131.02
6	138.79	15	90.32
9	291.3	18	120.99
10	98.86	19	119.41
11	110.88	20	97.18

5.4 浮游植物群落结构

12 个站位的监测结果显示，9 号站位浮游植物密度最高，为 1.03×10^7 ind /m^3；11 号站位最低，为 0.12×10^6 ind /m^3（表 5 - 2）。洋浦港浮游植物总计 63 种（属）（表 5 - 3）。其中，硅藻最多，共 46 种（属），占浮游植物总种数的 73%。优势种是布纹藻（*Gyrosigma* sp.），出现率为 100%；笔尖根管藻（*Rhizosolenia styliformi*），出现率为 92%；隐秘小环藻（*Cyclotella cryptica*），出现率为 83%；脆指管藻（*Dactyliosolen fragilissimus*），出现率为 83%；旋链角毛藻（*Chaetoceros curvisetus*），出现率为 83%；佛氏海毛藻（*Thalassiothrix frauenfeldii*），出现率为 75%。其次是甲藻，共 16 种（属），占浮游植物总种数的 25%，优势种是叉新角藻（*Neoceratium furca*），出现率为 92%。蓝藻只有 1 种，为颤藻（*Oscillatoria* sp.），占 2%，出现率为 67%。

表 5 - 2 洋浦港浮游植物密度分布

站位	密度（×10^{4}ind /m^3）	站位	密度（×10^{4}ind /m^3）
3	142	12	51
5	705	14	161
6	137	15	69
9	1032	18	100
10	99	19	105
11	12	20	127

表5-3　洋浦港浮游植物种类组成及密度

序号	浮游植物	密度 ($\times 10^3$ind/m³)	优势种	出现率（%）
硅藻				
1	布纹藻 *Gyrosigma* sp.	5.92	* * *	100
2	笔尖根管藻 *Rhizosolenia styliformis*	8.17	* * *	92
3	隐秘小环藻 *Cyclotella cryptica*	20.91	* * *	83
4	旋链角毛藻 *Chaetoceros curvisetus*	10.58	* * *	83
5	脆指管藻 *Dactyliosolen fragilissimus*	8.33	* * *	83
6	佛氏海毛藻 *Thalassiothrix frauenfeldii*	8.83	* * *	75
7	中华齿状藻 *Odontella sinensis*	3.50	* *	67
8	柔弱几内亚藻 *Guinardia delicatula*	3.17	* *	67
9	长菱形藻 *Nitzschia longissima*	3.08	* *	67
10	双突角毛藻 *Chaetoceros didymus*	2.50	* *	67
11	浮动弯角藻 *Eucampia zoodiacus*	0.25	* *	67
12	菱形海线藻 *Thalassionema nitzschioides*	3.33	* *	50
13	中肋骨条藻 *Skeletonema costatum*	1.42	* *	50
14	丹麦细柱藻 *Leptocylindrus danicus*	1.25	* *	50
15	针杆藻 *Synedra* sp.	1.00	* *	50
16	太阳双尾藻 *Ditylum sol*	1.00	* *	33
17	舟形藻 *Navicula* sp.	0.67	*	41
18	格氏圆筛藻 *Coscinodiscus granii*	3.92	*	33
19	萎软几内亚藻 *Guinardia flaccida*	2.33	*	33
20	窄隙角毛藻 *Chaetoceros affinis*	1.17	*	33
21	派格棍形藻 *Bacillaria paxillifera*	0.58	*	33
22	双菱藻 *Surirella* sp.	0.42	*	33
23	菱形藻 *Nitzschia* sp.	2.08	*	25
24	星脐圆筛藻 *Coscinodiscus asteromphalus*	1.17	*	25
25	中心圆筛藻 *Coscinodiscus centralis*	1.00	*	25
26	秘鲁角毛藻 *Chaetoceros peruvianus*	0.60	*	25

续上表

序号	浮游植物	密度 ($\times 10^3$ ind /m³)	优势种	出现率（%）
	硅藻			
27	矮小短棘藻 *Detonula pumila*	1.00	*	17
28	皇冠角毛藻 *Chaetoceros diadema*	0.83	*	17
29	洛氏角毛藻 *Chaetoceros lorenzianus*	0.17	*	17
30	双眉藻 *Amphora* sp.	0.08	*	17
31	威利圆筛藻 *Coscinodiscus wailesii*	0.08	*	17
32	新月拟菱形藻 *Nitzschiella closterium*	3.25	*	8
33	垂缘角毛藻 *Chaetoceros laciniosus*	0.58	*	8
34	地中海指管藻 *Dactyliosolen mediterraneus*	0.42	*	8
35	笔尖根管藻长棘变种 *Rhizosolenia styliformis* var. *longispina*	0.25	*	8
36	豪猪棘冠藻 *Corethron hystrix*	0.17	*	8
37	尖刺菱形藻 *Nitzschia pungens*	0.17	*	8
38	钝根管藻 *Rhizosolenia hebetata*	0.17	*	8
39	双环海链藻 *Thalassiosira diporocyclus*	0.17	*	8
40	智利角毛藻 *Chaetoceros chilensis*	0.08	*	8
41	短角弯角藻 *Eucampia zodiacus*	0.08	*	8
42	条纹几内亚藻 *Guinardia striata*	0.08	*	8
43	奇异菱形藻 *Nitzschia paradoxa*	0.08	*	8
44	具槽帕拉藻 *Paralia sulcata*	0.08	*	8
45	粗根管藻 *Rhizosolenia robusta*	0.08	*	8
46	圆海链藻 *Thalassiosira rotula*	0.08	*	8
	甲藻			
47	叉新角藻 *Neoceratium furca*	31.33	* * * *	92
48	具刺膝沟藻 *Gonyaulax spinifera*	5.33	* *	67
49	海洋原甲藻 *Prorocentrum micans*	4.50	* *	67
50	大角新角藻 *Neoceratium macroceros*	4.00	* *	67
51	三角新角藻 *Neoceratium tripos*	3.42	* *	67
52	具尾鳍藻 *Dinophysis caudata*	0.83	* *	50
53	梭新角藻 *Neoceratium fusus*	1.83	*	42

续上表

序号	浮游植物	密度 （×10³ind／m³）	优势种	出现率（%）
甲藻				
54	五角原多甲藻 *Protoperidinium pentagonum*	1.67	*	42
55	锥状斯克里普藻 *Scrippsiella trochoidea*	1.33	*	25
56	多边舌甲藻 *Lingulodinium polyedrum*	0.75	*	25
57	春膝沟藻 *Gonyaulax verior*	0.58	*	17
58	裸甲藻 *Gymnodinium* sp.	0.25	*	17
59	叉分原多甲藻 *Protoperidinium divergens*	0.33	*	8
60	渐尖鳍藻 *Dinophysis acuminata*	0.17	*	8
61	反曲原甲藻 *Prorocentrum sigmoides*	0.17	*	8
62	薄甲藻 *Glenodinium* sp.	0.08	*	8
蓝藻				
63	颤藻 *Oscillatoria* sp.	121.58	* * * *	67

洋浦港浮游植物群落结构多样性指数为 0.83～4.22；均匀度指数为 0.18～0.94；丰富度指数为 1.97～4.43；优势度指数为 0.35～0.97（表5-4）。结果显示，浮游植物群落结构多样性指数较理想，大于3的站位占50%；均匀度指数大多适中；丰富度指数适中；优势度指数偏低。以浮游植物而言，该海域较为清洁。

表5-4　洋浦港浮游植物群落结构指数

站位	多样性指数	均匀度指数	丰富度指数	优势度指数
3	1.99	0.42	3.12	0.76
5	3.57	0.82	2.93	0.42
6	4.22	0.81	4.43	0.35
9	2.80	0.61	3.26	0.50
10	3.37	0.67	3.48	0.51
11	2.91	0.59	3.71	0.61
12	2.17	0.53	1.97	0.68
14	3.13	0.90	2.17	0.42
15	3.67	0.77	2.90	0.44
18	2.99	0.94	2.09	0.43
19	3.56	0.75	3.36	0.45
20	0.83	0.18	2.32	0.97

5.5 浮游动物群落结构

12 个站位的监测结果显示，9 号站位浮游动物密度最高，为 6.4×10^5 ind /m³；18 号站位最低，为 2.4×10^3 ind /m³（表 5 – 5）。洋浦港浮游动物总计 21 种（属）（表 5 – 6）。其中，桡足类最多，共 12 种，占浮游动物总种数的 57%，优势种为坚长腹剑水蚤（*Oithona rigida*），出现率为 58%。其次是原生动物，共 8 种，占浮游动物总种数的 38%，优势种为根状拟铃虫（*Tintinnopsis radix*），出现率为 58%；诺氏麻铃虫（*Leprotintinnus nordquisti*），出现率为 75%。轮虫只有 1 种，为褶皱臂尾轮虫（*Brachionus plicatilis*），出现率为 8%，占 5%。

表 5 – 5 洋浦港浮游动物密度及生物量分布

站位	密度（$\times 10^4$ ind /m³）	生物量（mg /m³）
3	25	481.4
5	40	762.4
6	36	1630.8
9	64	783.0
10	18	686.4
11	11	602.6
12	15	146.9
14	21	616.8
15	24	620.2
18	0.24	480.0
19	8	1155.0
20	17	366.0

表 5 – 6 洋浦港浮游动物种类组成及密度

序号	浮游动物	密度（$\times 10^3$ ind /m³）	优势种	出现率（%）
	原生动物			
1	诺氏麻铃虫 *Leprotintinnus nordquisti*	4.50	* * *	75
2	根状拟铃虫 *Tintinnopsis radix*	10.17	* * *	58
3	王氏拟铃虫 *Tintinnopsis wangi*	1.92	*	42
4	布氏拟铃虫 *Tintinnopsis bütschlii*	1.00	*	25
5	旋回侠盗虫 *Strobilidium gyrans*	0.58	*	25
6	锥形拟铃壳虫 *Tintinnopsis conicus*	0.33	*	25

序号	浮游动物	密度 (×10³ind /m³)	优势种	出现率（%）
	原生动物			
7	短颈拟铃虫 *Tintinnopsis brevicollis*	0.08	*	8
8	东方拟铃虫 *Tintionnopsis orientalis*	0.08	*	8
	桡足类			
9	坚长腹剑水蚤 *Oithona rigida*	1.67	* *	58
10	挪威小毛猛水蚤 *Microsetella norvegica*	0.58	*	42
11	强次真哲水蚤 *Subeucalanus crassus*	0.33	*	25
12	中华哲水蚤 *Calanus sinicus*	0.25	*	25
13	柔大眼剑水蚤 *Corycaeus flaccus*	0.17	*	17
14	驼背羽刺大眼水蚤 *Farranula gibbula*	0.17	*	17
15	小拟哲水蚤 *Paracalanus parvus*	0.17	*	8
16	纪氏鹰嘴水蚤 *Aetideus giesbrecht*	0.08	*	8
17	小长足水蚤 *Calanopia minor*	0.08	*	8
18	长刺大眼剑水蚤 *Corycaeus longistylis*	0.08	*	8
19	精致真刺水蚤 *Euchaeta concinna*	0.08	*	8
20	深角剑水蚤 *Pontoeciella abyssicola*	0.08	*	8
	轮虫			
21	褶皱臂尾轮虫 *Brachionus plicatilis*	0.08	*	8

洋浦港浮游动物群落结构多样性指数为 0.71 ～ 2.43；均匀度指数为 0.23 ～ 1.00；丰富度指数为 0.71 ～ 1.89；优势度指数为 0.33 ～ 0.93（表 5 - 7）。结果显示，浮游动物群落结构多样性指数较低，小于 2 大于 1 的站位占 67%；均匀度指数和丰富度指数适中；优势度指数除 5 号站位较低，总体较理想。以浮游动物而言，该海域为中度污染。

表 5 - 7 洋浦港浮游动物群落结构指数

站位	多样性指数	均匀度指数	丰富度指数	优势度指数
3	1.73	0.86	0.90	0.80
5	2.01	1.00	1.49	0.33
6	2.43	0.94	1.39	0.50
9	1.36	0.52	0.90	0.80
10	1.11	0.39	0.79	0.91
11	1.44	0.62	1.22	0.82

站位	多样性指数	均匀度指数	丰富度指数	优势度指数
12	0.71	0.30	0.71	0.89
14	1.53	0.96	0.86	0.80
15	1.48	0.47	1.62	0.83
18	1.59	1.00	1.89	0.66
19	2.06	0.68	1.17	0.90
20	1.08	0.23	0.74	0.93

5.6 底栖生物群落结构

12 个站位的监测结果显示，6 号站位底栖生物密度最高，为 200.0ind /m^2；20 号站位最低，为 62.5ind /m^2（表 5 – 8）。洋浦港底栖生物总计 30 种（属）（表 5 – 9）。其中，优势种为刚鳃虫（*Chaetozone setosa*），出现率为 67%；背蚓虫（*Notomastus latericeus*），出现率为 58%。

表 5 – 8　洋浦港底栖生物密度及生物量分布

站位	密度（ind /m^2）	生物量（g /m^2）
3	175.0	22.5
5	187.5	26.6
6	200.0	24.7
9	162.5	28.1
10	162.5	20.8
11	112.5	17.1
12	175.0	19.0
14	125.0	21.2
15	162.5	21.4
18	75.0	13.8
19	100.0	12.3
20	62.5	11.0

表5-9　洋浦港底栖生物种类组成

序号	底栖生物	优势种	出现率（%）
1	刚鳃虫 *Chaetozone setosa*	＊＊＊	67
2	背蚓虫 *Notomastus latericeus*	＊＊＊	58
3	软疣沙蚕 *Tylonereis bogoyawleskyi*	＊＊	50
4	薄云母蛤 *Yoldia similis*	＊＊	50
5	双鳃内卷齿蚕 *Aglaophamus dibranchis*	＊＊	42
6	长吻吻沙蚕 *Glycera chirori*	＊＊	42
7	索沙蚕 *Lumbrineris* sp.	＊＊	42
8	刺沙蚕 *Neanthes* sp.	＊＊	42
9	花冈钩毛虫 *Sigambra hanaokai*	＊＊	42
10	不倒翁虫 *Sternaspis scutata*	＊＊	42
11	日本索沙蚕 *Lumbrineris japonica*	＊	33
12	瑰斑竹蛏 *Solen roseomaculatus*	＊	33
13	盾管星虫 *Aspidosiphon* sp.	＊	25
14	四齿厚唇螺 *Diacria quadridentata*	＊	25
15	光滑倍棘蛇尾 *Amphioplus laevis*	＊	17
16	鹧鸪轮螺 *Architectonica perdix*	＊	17
17	角海蛹 *Ophelina acuminate*	＊	17
18	斑瘤蛇尾 *Ophiocnemis marmorata*	＊	17
19	才女虫幼体 *Polydora larva*	＊	17
20	白合甲虫 *Synelmis albini*	＊	17
21	滑车轮螺 *Architectonica trochlearis*	＊	8
22	网纹藤壶 *Balanus reticulates*	＊	8
23	日本美人虾 *Callianassa japonica*	＊	8
24	光掌蟳 *Chartbdis riversandersoni*	＊	8
25	亨生莹虾 *Lucifer hanseni*	＊	8
26	可口革囊星虫 *Phascolosoma esculenta*	＊	8
27	叶须虫 *Phyllodoce* sp.	＊	8
28	东方原糠虾 *Promysis orientalis*	＊	8
29	中型节糠虾 *Siriella media*	＊	8
30	枝沟角贝 *Striodentalium rhabdotum*	＊	8

　　洋浦港底栖生物群落结构多样性指数为1.93～3.51；均匀度指数为0.72～0.89；丰富度指数为1.29～2.74；优势度指数为0.25～0.60（表5-10）。结果显示，底栖生

物群落结构多样性指数较低，小于 3 大于 2 的站位占 50%；均匀度指数较理想；丰富度指数适中；优势度指数偏低。以底栖生物而言，该海域为轻度污染。

表 5 – 10 洋浦港底栖生物群落结构指数

站位	多样性指数	均匀度指数	丰富度指数	优势度指数
3	3.25	0.85	2.36	0.29
5	3.25	0.83	2.30	0.27
6	3.51	0.87	2.74	0.25
9	3.10	0.83	2.15	0.31
10	2.73	0.74	1.62	0.38
11	2.73	0.86	1.89	0.44
12	3.05	0.80	2.09	0.36
14	2.93	0.89	2.10	0.40
15	2.67	0.72	1.62	0.46
18	2.26	0.87	1.54	0.50
19	2.51	0.83	1.66	0.50
20	1.93	0.83	1.29	0.60

5.7 鱼卵和仔鱼

12 个站位的监测结果显示，9 号站位鱼卵密度最高，为 5.0ind /m³；12 号站位最低，为 0.4ind /m³。9 号站位仔鱼密度也最高，为 2.9ind /m³；20 号站位最低，为 0.3ind /m³（表 5 – 11）。

表 5 – 11 洋浦港鱼卵和仔鱼密度及生物量分布

站位	鱼卵密度（ind /m³）	仔鱼密度（ind /m³）	生物量（g /m³）
3	2.8	1.6	3.4
5	2.3	2.3	4.8
6	3.1	2.0	4.2
9	5.0	2.9	6.0
10	3.1	1.1	2.5
11	1.1	1.1	2.2
12	0.4	0.8	1.6
14	1.7	1.4	2.9
15	1.1	1.4	2.9
18	1.1	0.7	1.6
19	1.7	0.7	1.4
20	1.4	0.3	0.7

5.8 游泳生物

12 个站位的监测结果显示，9 号站位游泳生物密度最高，为 5.4ind /m³；14 号站位最低，为 1.7ind /m³（表 5 – 12）。

表 5 – 12　洋浦港游泳生物密度及生物量分布

站位	密度（ind /m³）	生物量（g /m³）
3	2.0	5.6
5	4.0	7.4
6	3.4	6.7
9	5.4	9.3
10	2.6	4.9
11	2.9	4.1
12	2.8	4.6
14	1.7	4.6
15	5.0	4.8
18	3.0	4.8
19	3.0	4.8
20	2.0	3.9

6 2009年昌江近岸海域生态评价

6.1 昌江近岸海域生态环境特征

昌江黎族自治县是海南省直辖自治县，位于海南省西北偏西部，东经108°38′～109°17′、北纬18°53′～19°30′，总面积1569km²，东与白沙黎族自治县毗邻，南与乐东黎族自治县接壤，西南与东方市以昌化江为界相望，西北濒临北部湾，东北隔珠碧江同儋州市相邻。

昌江黎族自治县属热带季风海洋性气候，其特点是具有明显的大陆性岛屿气候，阳光充足，热量丰富。年平均气温24.1～25.1℃，年平均降水量1353.7mm，大部分地区年降水量在1200～1700mm之间，东南部山区降水多，西部沿海地区降水少。降雨期集中在每年5—11月，其中，8—9月为台风盛期，受台风影响比较严重的地区是西北部沿海地区的海尾、昌化、乌烈一带。

昌江黎族自治县海岸线全长63.7km，南起咸田港，北至儋州市海头港，12 n mile以内海域总面积866.736km²。昌江黎族自治县海岸曲折，港湾较多，滩涂面积大，浅海滩涂总面积4893hm²，其中，潮间带面积3779hm²，滩涂面积1113.2hm²，分布于新港、海尾、昌化等港湾，以海尾镇新港港湾滩涂面积最大，达86.7hm²。滩涂可养殖面积113.2hm²。有昌化、海尾、沙渔塘、新港4个天然渔港，鱼类资源丰富；沿海渔场分布较广，自南至北有咸田港、昌化港、沙渔塘港、海尾港、新港5个；主要海湾有棋子湾、昌化湾、双塘湾。

6.2 监测站位布设

昌江近岸海域监测站位布设见图6-1。

图6-1 昌江近岸海域站位布设

6.3　浮游植物群落结构

6.3.1　水采浮游植物

6 个站位的监测结果显示，18 号站位浮游植物密度最高，为 6.55×10^4 ind/L；7 号站位最低，为 2.14×10^4 ind/L（表 6-1）。昌江近岸海域水采浮游植物总计 43 种（属）（表 6-2）。其中，硅藻最多，共 24 种（属），占浮游植物总种数的 56%，优势种是菱形藻（*Nitzschia* sp.），出现率为 100%，密度为 2.07×10^4 ind/L；布纹藻（*Gyrosigma* sp.），出现率为 100%，密度为 7.68×10^3 ind/L；隐秘小环藻（*Cyclotella cryptica*），出现率为 83%，密度为 2.42×10^4 ind/L。

表 6-1　昌江近岸海域水采浮游植物密度分布

站位	密度（ind/L）
3	49 242
5	41 899
7	21 370
15	25 011
18	65 470
20	51 864

表 6-2　昌江近岸海域水采浮游植物种类组成及密度

序号	浮游植物	密度（ind/L）	优势种	出现率（%）
	硅藻			
1	菱形藻 *Nitzschia* sp.	20 730	＊＊＊	100
2	布纹藻 *Gyrosigma* sp.	7683	＊＊＊	100
3	长菱形藻 *Nitzschia longissima*	20	＊＊	100
4	隐秘小环藻 *Cyclotella cryptica*	24 151	＊＊＊	83
5	线性圆筛藻 *Coscinodiscus lineatus*	7163	＊＊	83
6	针杆藻 *Synedra* sp.	380	＊＊	83
7	长海毛藻 *Thalassiothrix longissima*	17 268	＊＊	67
8	双菱藻 *Surirella* sp.	7003	＊＊	67
9	具槽帕拉藻 *Paralia sulcata*	360	＊	67
10	地中海指管藻 *Dactyliosolen mediterraneus*	6903	＊	50
11	格氏圆筛藻 *Coscinodiscus granii*	200	＊	50

序号	浮游植物	密度（ind/L）	优势种	出现率（%）
	硅藻			
12	菱形海线藻 *Thalassionema nitzschioides*	180	*	50
13	矮柄曲壳藻 *Achnanthes breuipes*	13 726	*	33
14	派格棍形藻 *Bacillaria paxillifera*	3442	*	33
15	相似曲舟藻 *Pleurosigma affine*	180	*	33
16	中心圆筛藻 *Coscinodiscus centralis*	60	*	33
17	笔尖根管藻 *Rhizosolenia styliformis*	60	*	33
18	中华齿状藻 *Odontella sinensis*	40	*	17
19	月形藻 *Amphora* sp.	20	*	17
20	星脐圆筛藻 *Coscinodiscus asteromphalus*	20	*	17
21	辐射圆筛藻 *Coscinodiscus radiatus*	20	*	17
22	矮小短棘藻 *Detonula pumila*	20	*	17
23	活动盒形藻 *Bidduiphia mobiliensis*	20	*	17
24	舟形藻 *Navicula* sp.	20	*	17
	甲藻			
25	光薄甲藻 *Glenodinium gymnodinium*	48 042	* * *	100
26	海洋原甲藻 *Prorocentrum micans*	10 565	* * *	100
27	叉新角藻 *Neoceratium furca*	220	*	67
28	反曲原甲藻 *Prorocentrum sigmoides*	20	*	67
29	叉分原多甲藻 *Protoperidinium divergens*	100	*	50
30	多边舌甲藻 *Lingulodinium polyedrum*	3422	*	17
31	原多甲藻 *Protoperidinium* sp.	180	*	17
32	亚历山大藻 *Alexandrium* sp.	100	*	17
33	哈曼褐色多沟藻 *Pheopolykrikos hartmannii*	40	*	17
34	梭新角藻 *Neoceratium fusus*	20	*	17
35	剧毒冈比甲藻 *Gambierdiscus toxicus*	20	*	17
36	具刺膝沟藻 *Gonyaulax spinifera*	20	*	17
	蓝藻			
37	颤藻 *Oscillatoria* sp.	40	*	17
38	微小色球藻 *Chroococcus minutus*	27 373	*	17
39	小形色球藻 *Chroococcus minor*	13 686	*	17
40	束缚色球藻 *Chroococcus tenax*	13 686	*	17

序号	浮游植物	密度（ind/L）	优势种	出现率（%）
		绿藻		
41	塔胞藻 *Pyramidomonas* sp.	13 706	* *	50
42	蛋白核小球藻 *Chlorella pyrenoidesa*	3422	*	17
		裸藻		
43	旋转囊裸藻 *Trachelomonas volvocina*	3422	*	17

昌江近岸海域水采浮游植物群落结构多样性指数为 2.09～3.08；均匀度指数为 0.48 ～0.69；丰富度指数为 1.17～1.78（表 6-3）。结果显示，浮游植物群落结构多样性指数、均匀度指数、丰富度指数均偏低。以水采浮游植物而言，该海域为轻度污染。

表 6-3　昌江近岸海域水采浮游植物群落结构指数

站位	多样性指数	均匀度指数	丰富度指数
3	3.08	0.66	1.54
5	2.51	0.59	1.17
7	2.09	0.48	1.32
15	2.79	0.59	1.78
18	3.03	0.69	1.25
20	2.90	0.66	1.28

6.3.2　网采浮游植物

6 个站位的监测结果显示，20 号站位浮游植物密度最高，为 2.22×10^4 ind /m³；7 号站位最低，为 0.19×10^4 ind /m³（表 6-4）。昌江近岸海域网采浮游植物总计 39 种（属）（表 6-5）。其中，硅藻最多，共 28 种（属），占浮游植物总种数的 72%，优势种是布纹藻（*Gyrosigma* sp.），出现率为 100%，密度为 1.81×10^3 ind /m³；中华齿状藻（*Odontella sinensis*），出现率为 100%，密度为 1.65×10^3 ind /m³；长菱形藻（*Nitzschia longissima*），出现率为 83%，密度为 2.95×10^3 ind /m³；笔尖根管藻（*Rhizosolenia styliformis*），出现率为 83%，密度为 2.23×10^3 ind /m³。

表 6-4　昌江近岸海域网采浮游植物密度分布

站位	密度 （ind /m³）
3	14 750
5	19 208
7	1897
15	4179
18	13 229
20	22 188

表 6 - 5   昌江近岸海域网采浮游植物种类组成及密度

序号	浮游植物	密度（ind / m³）	优势种	出现率（%）
	硅藻			
1	布纹藻 *Gyrosigma* sp.	1806	* * *	100
2	中华齿状藻 *Odontella sinensis*	1648	* * *	100
3	长菱形藻 *Nitzschia longissima*	2952	* *	83
4	笔尖根管藻 *Rhizosolenia styliformis*	2226	* *	83
5	布氏双尾藻 *Ditylum brightwellii*	1637	* *	83
6	派格棍形藻 *Bacillaria paxillifera*	2988	* *	67
7	菱形藻 *Nitzschia* sp.	1206	* *	67
8	具槽帕拉藻 *Paralia sulcata*	176	*	67
9	长海毛藻 *Thalassiothrix longissima*	13 500	* *	50
10	菱形海线藻 *Thalassionema nitzschioides*	7292	* *	50
11	格氏圆筛藻 *Coscinodiscus granii*	2461	* *	50
12	针杆藻 *Synedra* sp.	2438	*	50
13	辐射圆筛藻 *Coscinodiscus radiatus*	968	*	50
14	短柄曲壳藻 *Achnanthes breuipes*	625	*	50
15	相似曲舟藻 *Pleurosigma affine*	542	*	50
16	星脐圆筛藻 *Coscinodiscus asteromphalus*	500	*	50
17	隐秘小环藻 *Cyclotella cryptica*	271	*	50
18	笔尖根管藻粗径变种 *Rhizosolenia styliformis* var. *latissima*	202	*	50
19	线性圆筛藻 *Coscinodiscus lineatus*	196	*	50
20	圆海链藻 *Thalassiosira rotula*	625	*	33
21	变异直链藻 *Melosira varians*	438	*	33
22	中心圆筛藻 *Coscinodiscus centralis*	244	*	33
23	蜂腰双壁藻 *Diploneis bombus*	104	*	33
24	尖刺拟菱形藻 *Pseudo-nitzschia pungens*	1292	*	17
25	窄隙角毛藻 *Chaetoceros affinis*	833	*	17
26	洛氏角毛藻 *Chaetoceros lorenzianus*	417	*	17
27	双壁藻 *Diploneis* sp.	42	*	17
28	丹麦细柱藻 *Leptocylindrus danicus*	36	*	17

序号	浮游植物	密度 （ind /m³）	优势种	出现率（%）
甲藻				
29	三角新角藻 *Neoceratium tripos*	10 641	* * *	100
30	叉新角藻 *Neoceratium furca*	5810	* * *	100
31	大角新角藻 *Neoceratium macroceros*	5184	* * *	100
32	反曲原甲藻 *Prorocentrum sigmoides*	291	* *	100
33	具尾鳍藻 *Dinophysis caudata*	1886	* *	83
34	梭新角藻 *Neoceratium fusus*	1875	* *	83
35	海洋原甲藻 *Prorocentrum micans*	140	*	50
36	五角原多甲藻 *Protoperidinium pentagonum*	155	*	50
37	光薄甲藻 *Glenodinium gymnodinium*	63	*	33
38	原多甲藻 *Protoperidinium* sp.	21	*	17
蓝藻				
39	颤藻 *Oscillatoria* sp.	54 625	* *	50

昌江近岸海域网采浮游植物群落结构多样性指数为 2.40 ～3.99；均匀度指数为 0.51～0.84；丰富度指数为 0.92～2.08（表 6 - 6）。结果显示，浮游植物群落结构多样性指数较理想；均匀度指数总体较理想；丰富度指数偏低。以网采浮游植物而言，该海域总体较为清洁。

表 6 - 6　昌江近岸海域网采浮游植物群落结构指数

站位	多样性指数	均匀度指数	丰富度指数
3	2.40	0.51	1.81
5	3.86	0.83	1.69
7	2.91	0.84	0.92
15	3.38	0.78	1.58
18	3.65	0.80	1.68
20	3.99	0.81	2.08

6.4　浮游动物群落结构

6 个站位的监测结果显示，3 号站位浮游植物密度最高，为 7.25×10^3 ind /m³；5 号站位最低，为 0.10×10^3 ind /m³（表 6 - 7）。昌江近岸海域浮游动物总计 23 种（属）（表 6 - 8）。其中，桡足类最多，共 8 种，占浮游动物总种数的 35%，优势种为坚长腹剑水蚤（*Oithona rigida*），出现率为83%，密度为 1.42×10^3 ind /m^3；美丽大眼剑水蚤（*Corycaeus speciosus*），出现率为83%，密度为 1.06×10^3 ind /m^3；中华哲水蚤（*Calanus sinicus*），出现率为83%，密度为 0.21×10^3 ind /m^3。

表6-7　昌江近岸海域浮游动物密度及生物量分布

站位	密度（ind /m^3）	生物量（mg /m^3）
3	7250	235
5	104	38
7	647	42
15	1250	48
18	1729	186
20	938	116

表6-8　昌江近岸海域浮游动物种类组成及密度

序号	浮游动物	密度（ind /m^3）	优势种	出现率（%）
桡足类				
1	坚长腹剑水蚤 *Oithona rigida*	1421	＊＊	83
2	美丽大眼剑水蚤 *Corycaeus speciosus*	1056	＊＊	83
3	中华哲水蚤 *Calanus sinicus*	214	＊＊	83
4	小拟哲水蚤 *Paracalanus parvus*	938	＊	50
5	长刺大眼剑水蚤 *Corycaeus longistylis*	476	＊	50
6	挪威小毛猛水蚤 *Microsetella norvegica*	77	＊	33
7	瘦长真哲水蚤 *Eucalanus elongatus*	42	＊	17
8	丽隆剑水蚤 *Oncaea venusta*	36	＊	17
原生动物				
9	根状拟铃虫 *Tintinnopsis radix*	390	＊＊	67
10	妥肯丁拟铃虫 *Tintinnopsis tocantinensis*	104	＊	33
11	诺氏麻铃虫 *Leprotintinnus nordquisti*	71	＊	33
12	布氏拟铃虫 *Tintinnopsis bütschlii*	542	＊	17
被囊类				
13	异体住囊虫 *Oikopleura dioica*	807	＊＊	67
14	长尾住囊虫 *Oikopleura longicauda*	21	＊	17
多毛类				
15	肥胖箭虫 *Sagitta enflata*	479	＊＊	83
16	太平洋撬虫 *Krohnitta pacifica*	80	＊	50

续上表

序号	浮游动物	密度（ind /m³）	优势种	出现率（%）
水母				
17	拟细浅室水母 *Lensia subtiloides*	21	*	17
海腺萤				
18	胖海腺萤 *Halocypris inflata*	137	*	33
浮游幼虫				
19	无节幼体 Nauplius	4039	* * *	100
20	溞状幼体 Zoea	187	*	50
21	蛇尾长腕幼虫 Ophiopluteus larva	98	*	50
22	桡足幼体 Copepodite	479	*	33
23	海参耳状幼虫 Auricularia larva	36	*	17

昌江近岸海域浮游动物群落结构多样性指数为 1.92 ～ 3.31；均匀度指数为 0.68 ～ 0.96；丰富度指数为 0.45 ～ 1.36（表 6-9）。结果显示，浮游动物群落结构多样性指数适中；均匀度指数总体较理想；丰富度指数偏低。以浮游动物而言，该海域总体较为清洁。

表 6-9　昌江近岸海域浮游动物群落结构指数

站位	多样性指数	均匀度指数	丰富度指数
3	2.51	0.68	0.94
5	1.92	0.96	0.45
7	2.55	0.77	0.96
15	3.13	0.80	1.36
18	3.30	0.87	1.21
20	3.31	0.87	1.32

7 2010年海口附近海域生态评价

7.1 假日海滩附近海域

7.1.1 生态环境特征

海口假日海滩拥有海南岛最大的热带温泉滨海海岸，位于海口市区西北部，北邻琼州海峡，东依西秀海滩，西靠贵族游艇会，南临滨海大道，全长7km，属于热带景观滨海带状地带。

7.1.2 监测站位布设

假日海滩附近海域监测站位布设见图7-1。

图7-1 假日海滩附近海域站位布设

7.1.3 浮游植物群落结构

3个站位的网采监测结果显示，Z502站位浮游植物密度最高，为1.45×10^4ind/L；Z503站位浮游植物密度最低，为6.44×10^3ind/L（表7-1）。假日海滩附近海域浮游植物总计29种（属）（表7-2）。其中，硅藻最多，共22种（属），占浮游植物总种数的76%，优势种是隐秘小环藻（*Cyclotella cryptica*），出现率为100%，密度为3.04×10^3ind/L；柔弱几内亚藻（*Guinardia delicatula*），出现率为100%，密度为2.03×10^3ind/L；丹麦细

73

柱藻（*Leptocylindrus danicus*），出现率为100%，密度为2.03×10^3ind/L。

表7－1　假日海滩附近海域浮游植物密度分布

站位	密度（ind/L）
Z501	12 182
Z502	14 455
Z503	6442

表7－2　假日海滩附近海域浮游植物种类组成及密度

序号	浮游植物	密度（ind/L）	优势种	出现率（%）
	硅藻			
1	隐秘小环藻 *Cyclotella cryptica*	3039.2	＊＊＊	100
2	柔弱几内亚藻 *Guinardia delicatula*	2026.2	＊＊＊	100
3	丹麦细柱藻 *Leptocylindrus danicus*	2026.2	＊＊＊	100
4	旋链角毛藻 *Chaetoceros curvisetus*	1013.1	＊＊＊	100
5	中肋骨条藻 *Skeletonema costatum*	1013.1	＊＊＊	100
6	圆筛藻 *Coscinodiscus* sp.	49.0	＊	100
7	中华齿状藻 *Odontella sinensis*	6.4	＊	100
8	洛氏角毛藻 *Chaetoceros lorenzianus*	1013.1	＊＊	67
9	布氏双尾藻 *Ditylum brightwellii*	959.8	＊＊	67
10	菱形藻 *Nitzschia* sp.	959.8	＊＊	67
11	变异直链藻 *Melosira varians*	3.2	＊	67
12	辐射圆筛藻 *Coscinodiscus radiatus*	1.6	＊	67
13	舟形藻 *Navicula* sp.	799.8	＊	33
14	针状菱形藻 *Nitzschia acicularis*	799.8	＊	33
15	笔尖根管藻 *Rhizosolenia styliformis*	799.8	＊	33
16	中心圆筛藻 *Coscinodiscus centralis*	2.9	＊	33
17	双突角毛藻 *Chaetoceros didymus*	2.4	＊	33
18	颗粒直链藻 *Melosira granulata*	1.9	＊	33
19	扭鞘藻 *Streptotheca thamesis*	1.9	＊	33
20	具槽直链藻 *Melosira sulcata*	1.0	＊	33
21	长海毛藻 *Thalassiothrix longissima*	1.0	＊	33
22	菱形海线藻 *Thalassionema nitzschioides*	0.8	＊	33

续上表

序号	浮游植物	密度（ind/L）	优势种	出现率（%）
	甲藻			
23	光薄甲藻 *Glenodinium gymnodinium*	2879.3	*	67
24	五角原多甲藻 *Protoperidinium pentagonum*	2026.2	*	33
25	亚历山大藻 *Alexandrium* sp.	1919.5	*	33
26	薄甲藻 *Glenodinium* sp.	1.0	*	33
27	叉新角藻 *Neoceratium furca*	1.0	*	33
	绿藻			
28	栅列藻 *Scenedesmus* sp.	959.8	*	33
	金藻			
29	等鞭金藻 *Isochrysis* sp.	2 879.3	*	33

假日海滩附近海域浮游植物群落结构多样性指数为 3.20～3.67；均匀度指数为 0.84～0.88；丰富度指数为 0.95～1.30（表 7-3）。结果显示，浮游植物群落结构多样性指数较理想；均匀度指数适中；丰富度指数偏低。以浮游植物而言，该海域较为清洁。

表 7-3　假日海滩附近海域浮游植物群落结构指数

站位	多样性指数	均匀度指数	丰富度指数
Z501	3.20	0.84	0.95
Z502	3.67	0.88	1.21
Z503	3.65	0.88	1.30

7.1.4 浮游动物群落结构

3 个站位的监测结果显示，Z503 站位浮游动物密度最高，为 3.36×10^4 ind/m³；Z501 站位浮游动物密度最低，为 7.68×10^3 ind/m³（表 7-4）。假日海滩附近海域浮游动物总计 11 种（属）（表 7-5）。其中，桡足类最多，共 5 种，占浮游动物总种数的 45%，优势种为中华哲水蚤（*Calanus sinicus*），出现率为 67%，密度为 3.2×10^3 ind/m³；挪威小毛猛水蚤（*Microsetella norvegica*），出现率为 67%，密度为 0.96×10^3 ind/m³。

表 7-4　假日海滩附近海域浮游动物密度及生物量分布

站位	密度（ind/m³）	生物量（mg/m³）
Z501	7680	1050
Z502	25 000	871
Z503	33 600	1155

表 7 - 5　假日海滩附近海域浮游动物种类组成及密度

序号	浮游动物	密度（ind /m^3）	优势种	出现率（%）
桡足类				
1	中华哲水蚤 Calanus sinicus	3200	* * *	67
2	挪威小毛猛水蚤 Microsetella norvegica	960	* * *	67
3	羽长腹剑水蚤 Oithona plumifera	3840	*	33
4	小哲水蚤 Nannocalanus minor	2400	*	33
5	坚长腹剑水蚤 Oithona rigida	2400	*	33
原生动物				
6	钟形网纹虫 Favella campanula	8000	* *	33
7	诺氏麻铃虫 Leprotintinnus nordquisti	960	*	33
8	布氏拟铃虫 Tintinnopsis bütschlii	960	*	33
9	根状拟铃虫 Tintinnopsis radix	800	*	33
浮游幼虫				
10	无节幼体 Nauplius	14 400	* * *	67
11	桡足幼体 Copepodite	4800	* * *	67

　　假日海滩附近海域浮游动物群落结构多样性指数为 1.55 ～ 1.98；均匀度指数为 0.77 ～ 0.88；丰富度指数为 0.35 ～ 0.46（表 7 - 6）。结果显示，浮游动物群落结构多样性指数偏低；均匀度指数一般；丰富度指数偏低。以浮游动物而言，该海域为轻度污染。

表 7 - 6　假日海滩附近海域浮游动物群落结构指数

站位	多样性指数	均匀度指数	丰富度指数
Z501	1.55	0.77	0.46
Z502	1.78	0.88	0.35
Z503	1.98	0.85	0.41

7.2　秀英工业排污口附近海域

7.2.1　生态环境特征

　　秀英工业排污口是海南省主要入海排污口之一，其邻近海域水质状况总体较为清洁。

7.2.2 监测站位布设

秀英工业排污口附近海域监测站位布设见图 7-2。

图 7-2 秀英工业排污口附近海域站位布设

7.2.3 浮游植物群落结构

3 个站位的网采监测结果显示，Z301 站位浮游植物密度最高，为 4.30×10^4 ind/L；Z302 站位浮游植物密度最低，为 5.15×10^3 ind/L（表 7-7）。秀英工业排污口附近海域浮游植物总计 22 种（属）（表 7-8）。其中，硅藻最多，共 20 种（属），占浮游植物总种数的 91%，优势种是洛氏角毛藻（*Chaetoceros lorenzianus*），出现率为 100%，密度为 1.33×10^3 ind/L；隐秘小环藻（*Cyclotella cryptica*），出现率为 100%，密度为 1.07×10^3 ind/L；中肋骨条藻（*Skeletonema costatum*），出现率为 100%，密度为 1.07×10^3 ind/L。

表 7-7 秀英工业排污口附近海域浮游植物密度分布

站位	密度（ind/L）
Z301	42 967
Z302	5148
Z303	8046

表 7-8 秀英工业排污口附近海域浮游植物种类组成及密度

序号	浮游植物	密度（ind/L）	优势种	出现率（%）
硅藻				
1	洛氏角毛藻 *Chaetoceros lorenzianus*	1333	＊＊＊	100
2	隐秘小环藻 *Cyclotella cryptica*	1066	＊＊＊	100
3	中肋骨条藻 *Skeletonema costatum*	1066	＊＊＊	100

序号	浮游植物	密度（ind/L）	优势种	出现率（%）
	硅藻			
4	中心圆筛藻 *Coscinodiscus centralis*	853	* *	100
5	圆筛藻 *Coscinodiscus* sp.	10	*	100
6	辐射圆筛藻 *Coscinodiscus radiatus*	9	*	100
7	旋链角毛藻 *Chaetoceros curvisetus*	1706	* *	67
8	菱形藻 *Nitzschia* sp.	1066	*	67
9	中华齿状藻 *Odontella sinensis*	8	*	67
10	加氏拟星杆藻 *Asterionellopsis kariana*	2	*	67
11	尖刺拟菱形藻 *Pseudo - nitzschia pungens*	1333	* *	33
12	角毛藻 *Chaetoceros* sp.	1066	*	33
13	布氏双尾藻 *Ditylum brightwellii*	1066	*	33
14	针杆藻 *Synedra* sp.	1066	*	33
15	卵形藻 *Cocconeis* sp.	853	*	33
16	线性圆筛藻 *Coscinodiscus lineatus*	853	*	33
17	变异直链藻 *Melosira varians*	3	*	33
18	中华盒形藻 *Bidduiphia sinensis*	2	*	33
19	双突角毛藻 *Chaetoceros didymus*	2	*	33
20	丹麦细柱藻 *Leptocylindrus danicus*	1	*	33
	绿藻			
21	栅列藻 *Scenedesmus* sp.	1066	*	33
	金藻			
22	等鞭金藻 *Isochrysis* sp.	2666	*	33

秀英工业排污口附近海域浮游植物群落结构多样性指数为 2.86 ~ 3.40；均匀度指数为 0.83 ~ 0.89；丰富度指数为 0.80 ~ 0.97（表 7 - 9）。结果显示，浮游植物群落结构多样性指数一般；均匀度指数较高；丰富度指数偏低。以浮游植物而言，该海域为轻度污染。

表 7 - 9　秀英工业排污口附近海域浮游植物群落结构指数

站位	多样性指数	均匀度指数	丰富度指数
Z301	2.86	0.83	0.80
Z302	3.30	0.89	0.95
Z303	3.40	0.89	0.97

7.2.4　浮游动物群落结构

3 个站位的监测结果显示，Z302 站位浮游动物密度最高，为 2.30×10^4 ind /m^3；Z301 站位浮游动物密度最低，为 2.08×10^4 ind /m^3（表 7 – 10）。秀英工业排污口附近海域浮游动物总计 10 种（属）（表 7 – 11）。其中，桡足类最多，共 5 种，占浮游动物总种数的 50%，优势种为坚长腹剑水蚤（*Oithona rigida*），出现率为 100%，密度为 3.2×10^3 ind /m^3；小拟哲水蚤（*Paracalanus parvus*），出现率为 100%，密度为 1.92×10^3 ind /m^3。

表 7 – 10　秀英工业排污口附近海域浮游动物密度及生物量分布

站位	密度（ind /m^3）	生物量（mg /m^3）
Z301	20 800	794
Z302	23 040	1448
Z303	21 120	1344

表 7 – 11　秀英工业排污口附近海域浮游动物种类组成及密度

序号	浮游动物	密度（ind /m^3）	优势种	出现率（%）
桡足类				
1	坚长腹剑水蚤 *Oithona rigida*	3200	* * *	100
2	小拟哲水蚤 *Paracalanus parvus*	1920	* * *	100
3	中华哲水蚤 *Calanus sinicus*	1600	* *	100
4	小哲水蚤 *Nannocalanus minor*	3840	* *	67
5	挪威小毛猛水蚤 *Microsetella norvegica*	800	*	33
原生动物				
6	诺氏麻铃虫 *Leprotintinnus nordquisti*	2880	* *	67
7	布氏拟铃虫 *Tintinnopsis bütschlii*	1600	*	33
8	根状拟铃虫 *Tintinnopsis radix*	1600	*	33
浮游幼虫				
9	无节幼体 Nauplius	9600	* * *	100
10	桡足幼体 Copepodite	3200	* * *	100

秀英工业排污口附近海域浮游动物群落结构多样性指数为 $1.96 \sim 2.66$；均匀度指数为 $0.95 \sim 0.98$；丰富度指数为 $0.33 \sim 0.66$（表 7 – 12）。结果显示，浮游动物群落结构多样性指数一般；均匀度指数较理想；丰富度指数偏低。以浮游动物而言，该海域为轻度污染。

表 7 - 12　秀英工业排污口附近海域浮游动物群落结构指数

站位	多样性指数	均匀度指数	丰富度指数
Z301	2.66	0.95	0.66
Z302	1.96	0.98	0.33
Z303	2.20	0.95	0.43

7.3　龙昆沟入海排污口附近海域

7.3.1　生态环境特征

海口市龙昆沟入海排污口是海南省重点入海排污口，其邻近海域常年处于污染或重污染状态，严重影响着海口湾的水质，主要污染物为无机氮、活性磷酸盐、有机污染物及石油类。

7.3.2　监测站位布设

龙昆沟入海排污口附近海域监测站位布设见图 7 - 3。

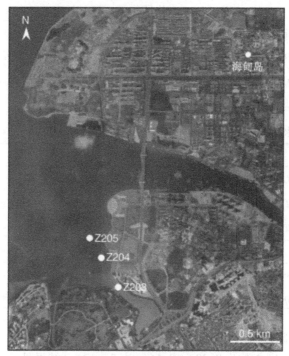

图 7 - 3　龙昆沟入海排污口附近海域站位布设

7.3.3　浮游植物群落结构

3 个站位的网采监测结果显示，Z203 站位浮游植物密度最高，为 $8.97 \times 10^4 \mathrm{ind/L}$；

Z205 站位浮游植物密度最低, 为 $3.94 \times 10^4 \mathrm{ind/L}$ (表 7-13)。龙昆沟入海排污口附近海域浮游植物总计 28 种 (属) (表 7-14)。其中, 硅藻最多, 共 14 种 (属), 占浮游植物总种数的 50%, 优势种是隐秘小环藻 (*Cyclotella cryptica*), 出现率为 100%, 密度为 $3.26 \times 10^4 \mathrm{ind/L}$; 中肋骨条藻 (*Skeletonema costatum*), 出现率为 100%, 密度为 $1.92 \times 10^3 \mathrm{ind/L}$。

表 7-13 龙昆沟入海排污口附近海域浮游植物密度分布

站位	密度 (ind/L)
Z203	89 749
Z204	78 709
Z205	39 364

表 7-14 龙昆沟入海排污口附近海域浮游植物种类组成及密度

序号	浮游植物	密度 (ind/L)	优势种	出现率 (%)
硅藻				
1	隐秘小环藻 *Cyclotella cryptica*	32 632	* * *	100
2	中肋骨条藻 *Skeletonema costatum*	1920	* *	100
3	圆筛藻 *Coscinodiscus* sp.	2	*	100
4	角毛藻 *Chaetoceros* sp.	2879	*	67
5	布氏双尾藻 *Ditylum brightwellii*	1	*	67
6	中华齿状藻 *Odontella sinensis*	1	*	67
7	尖刺拟菱形藻 *Pseudo-nitzschia pungens*	5759	*	33
8	网纹三角藻 *Triceratium reticulum*	906	*	33
9	洛氏角毛藻 *Chaetoceros lorenzianus*	1	*	33
10	辐射圆筛藻 *Coscinodiscus radiatus*	1	*	33
11	中华半管藻 *Hemiaulus sinensis*	1	*	33
12	变异直链藻 *Melosira varians*	1	*	33
13	笔尖根管藻 *Rhizosolenia styliformis*	1	*	33
14	肘状针杆藻 *Synedra ulna*	1	*	33
绿藻				
15	栅列藻 *Scenedesmus* sp.	19 035	* * *	100
16	小球藻 *Chlorella* sp.	12 477	* * *	100
17	集星藻 *Actinastrum* sp.	12 477	* *	67

序号	浮游植物	密度 （ind/L）	优势种	出现率（%）
绿藻				
18	微绿球藻 *Nannochloris* sp.	7678	* *	67
19	纤维藻 *Ankistrodesmus* sp.	1920	*	67
20	新月藻 *Closterium* sp.	960	*	67
21	四尾栅藻 *Scenedesmus quadricauda*	6	*	67
22	美丽胶网藻 *Dictyosphaerium pulchellum*	4532	*	33
23	小空星藻 *Coelastrum microporum*	1	*	33
蓝藻				
24	胶鞘藻 *Phormidium* sp.	9971	* * *	100
25	平裂藻 *Merismopedia* sp.	3839	* *	100
26	微囊藻 *Microcystis* sp.	4532	*	33
27	小席藻 *Phormidium tenue*	3	*	33
金藻				
28	等鞭金藻 *Isochrysis* sp.	5759	*	67

龙昆沟入海排污口附近海域浮游植物群落结构多样性指数为 2.83～3.09；均匀度指数为 0.68～0.74；丰富度指数为 0.98～1.04（表 7 - 15）。结果显示，浮游植物群落结构多样性指数一般；均匀度指数和丰富度指数均偏低。以浮游植物而言，该海域为轻度污染。

表 7 - 15　龙昆沟入海排污口附近海域浮游植物群落结构指数

站位	多样性指数	均匀度指数	丰富度指数
Z203	2.83	0.68	1.03
Z204	3.09	0.74	1.04
Z205	2.91	0.72	0.98

7.3.4　浮游动物群落结构

3 个站位的监测结果显示，Z204 站位浮游动物密度最高，为 1.15×10^4 ind/m³；Z203 站位浮游动物密度最低，为 0.40×10^4 ind/m³（表 7 - 16）。龙昆沟入海排污口附近海域浮游动物总计 8 种（属）（表 7 - 17）。其中，桡足类最多，共 4 种，占浮游动物总种数的 50%。优势种为诺氏麻铃虫（*Leprotintinnus nordquisti*），出现率为 100%，密度为 1.92×10^3 ind/m³；坚长腹剑水蚤（*Oithona rigida*），出现率为 67%，密度为 2.88×10^3 ind/m³。

表 7 - 16 龙昆沟入海排污口附近海域浮游动物密度及生物量分布

站位	密度 （ind /m³）	生物量 （mg /m³）
Z203	4000	208
Z204	11 500	673
Z205	10 560	404

表 7 - 17 龙昆沟入海排污口附近海域浮游动物种类组成及密度

序号	浮游动物	密度 （ind /m³）	优势种	出现率（%）
	桡足类			
1	坚长腹剑水蚤 *Oithona rigida*	2880	* * *	67
2	中华哲水蚤 *Calanus sinicus*	1920	* *	67
3	小哲水蚤 *Nannocalanus minor*	960	*	33
4	小拟哲水蚤 *Paracalanus parvus*	960	*	33
	原生动物			
5	诺氏麻铃虫 *Leprotintinnus nordquisti*	1920	* * *	100
	轮虫			
6	褶皱臂尾轮虫 *Brachionus plicatilis*	1920	*	33
	浮游幼虫			
7	桡足幼体 Copepodite	2880	* * *	67
8	无节幼体 Nauplius	2880	* * *	67

龙昆沟入海排污口附近海域浮游动物群落结构多样性指数为 1.91～2.00；均匀度指数为 0.95～1.00；丰富度指数为 0.37～0.53（表 7 - 18）。结果显示，浮游动物群落结构多样性指数偏低；均匀度指数较理想；丰富度指数偏低。以浮游动物而言，该海域为中度污染。

表 7 - 18 龙昆沟入海排污口附近海域浮游动物群落结构指数

站位	多样性指数	均匀度指数	丰富度指数
Z203	2.00	1.00	0.39
Z204	1.92	0.96	0.37
Z205	1.91	0.95	0.53

7.4 海口市污水处理厂深水排放口附近海域

7.4.1 生态环境特征

海口市污水处理厂深水排放口是海南省主要入海排污口之一，其邻近海域主要污染物为无机氮、粪大肠菌群。

7.4.2 监测站位布设

海口市污水处理厂深水排放口附近海域监测站位布设见图7-4。

图7-4　海口市污水处理厂深水排放口附近海域站位布设

7.4.3 浮游植物群落结构

3个站位的网采监测结果显示，Z401站位浮游植物密度最高，为 1.55×10^4 ind/L；Z403站位浮游植物密度最低，为 0.12×10^4 ind/L（表7-19）。污水处理厂深水排放口附近海域浮游植物总计34种（属）（表7-20）。其中，硅藻最多，共31种（属），占浮游植物总种数的91%，优势种是隐秘小环藻（*Cyclotella cryptica*），出现率为100%，密度为 2.05×10^3 ind/L；佛氏海毛藻（*Thalassiothrix frauenfeldii*），出现率为100%，密度为 1.03×10^3 ind/L。

表7-19　海口市污水处理厂深水排放口附近海域浮游植物密度分布

站位	密度（ind/L）
Z401	15 517
Z402	4917
Z403	1153

表 7 - 20　海口市污水处理厂深水排放口附近海域浮游植物种类组成及密度

序号	浮游植物	密度（ind/L）	优势种	出现率（%）
	硅藻			
1	隐秘小环藻 *Cyclotella cryptica*	2052	* * *	100
2	佛氏海毛藻 *Thalassiothrix frauenfeldii*	1026	* * *	100
3	偏心圆筛藻 *Coscinodiscus excentricus*	813	* *	100
4	布纹藻 *Gyrosigma* sp.	813	* *	100
5	中华齿状藻 *Odontella sinensis*	813	* *	100
6	中肋骨条藻 *Skeletonema costatum*	813	* *	100
7	布氏双尾藻 *Ditylum brightwellii*	713	* *	100
8	圆筛藻 *Coscinodiscus* sp.	55	*	100
9	旋链角毛藻 *Chaetoceros curvisetus*	10	*	100
10	中心圆筛藻 *Coscinodiscus centralis*	7	*	100
11	线性圆筛藻 *Coscinodiscus lineatus*	1500	*	67
12	变异直链藻 *Melosira varians*	960	* *	67
13	丹麦细柱藻 *Leptocylindrus danicus*	813	* *	67
14	辐射圆筛藻 *Coscinodiscus radiatus*	5	*	67
15	窄隙角毛藻 *Chaetoceros affinis*	4	*	67
16	日本星杆藻 *Asterionella japonica*	3	*	67
17	奇异菱形藻 *Nitzschia paradoxa*	3	*	67
18	菱形海线藻 *Thalassionema nitzschioides*	3	*	67
19	蜂窝三角藻 *Triceratium favus*	2	*	67
20	菱形藻 *Nitzschia* sp.	2036	*	33
21	直链藻 *Melosira* sp.	960	*	33
22	笔尖根管藻 *Rhizosolenia styliformis*	960	*	33
23	豪猪棘冠藻 *Corethron hystrix*	813	*	33
24	活动盒形藻 *Bidduiphia mobiliensis*	2	*	33
25	洛氏角毛藻 *Chaetoceros lorenzianus*	2	*	33
26	双突角毛藻 *Chaetoceros didymus*	1	*	33
27	海洋环毛藻 *Corethron pelagicum*	1	*	33
28	尖刺拟菱形藻 *Pseudo-nitzschia pungens*	1	*	33
29	扭鞘藻 *Streptotheca thamesis*	1	*	33
30	肘状针杆藻 *Synedra ulna*	1	*	33
31	太平洋海链藻 *Thalassiosira pacifica*	1	*	33

序号	浮游植物	密度 （ind/L）	优势种	出现率（%）
	甲藻			
32	五角原多甲藻 *Protoperidinium pentagonum*	1013	*	33
	蓝藻			
33	小席藻 *Phormidium tenue*	3039	*	33
	金藻			
34	等鞭金藻 *Isochrysis* sp.	1013	*	33

海口市污水处理厂深水排放口附近海域浮游植物群落结构多样性指数为 2.88 ～ 4.11；均匀度指数为 0.69 ～ 0.90；丰富度指数为 1.27 ～ 1.64（表 7 - 21）。结果显示，浮游植物群落结构多样性指数较高；均匀度指数较理想；丰富度指数偏低。以浮游植物而言，该海域较为清洁。

表 7 - 21　海口市污水处理厂深水排放口附近海域浮游植物群落结构指数

站位	多样性指数	均匀度指数	丰富度指数
Z401	4.11	0.90	1.55
Z402	3.95	0.87	1.64
Z403	2.88	0.69	1.27

7.4.4　浮游动物群落结构

3 个站位的监测结果显示，Z403 站位浮游动物密度最高，为 3.92×10^4 ind /m^3；Z401 站位浮游动物密度最低，为 1.90×10^4 ind /m^3（表 7 - 22）。污水处理厂深水排放口附近海域浮游动物总计 10 种（属）（表 7 - 23）。其中，桡足类和原生动物最多，均为 4 种，各占浮游动物总种数的 40%。优势种为中华哲水蚤（*Calanus sinicus*），出现率为 100%，密度为 1.23×10^4 ind /m^3；坚长腹剑水蚤（*Oithona rigida*），出现率为 100%，密度为 5.6×10^3 ind /m^3。

表 7 - 22　海口市污水处理厂深水排放口附近海域浮游动物密度及生物量分布

站位	密度（ind /m^3）	生物量（mg /m^3）
Z401	19 000	974
Z402	22 400	1206
Z403	39 200	3576

表7-23 海口市污水处理厂深水排放口附近海域浮游动物种类组成及密度

序号	浮游动物	密度 (ind /m^3)	优势种	出现率（%）
桡足类				
1	中华哲水蚤 *Calanus sinicus*	12 320	* * *	100
2	坚长腹剑水蚤 *Oithona rigida*	5600	* *	100
3	小拟哲水蚤 *Paracalanus parvus*	3360	* *	100
4	小哲水蚤 *Nannocalanus minor*	2240	* *	100
原生动物				
5	布氏拟铃虫 *Tintinnopsis bütschlii*	2240	* *	67
6	根状拟铃虫 *Tintinnopsis radix*	1120	*	67
7	诺氏麻铃虫 *Leprotintinnus nordquisti*	960	*	33
8	钟形网纹虫 *Favella campanula*	800	*	33
浮游幼虫				
9	无节幼体 Nauplius	9600	* * *	100
10	桡足幼体 Copepodite	8960	* * *	100

海口市污水处理厂深水排放口附近海域浮游动物群落结构多样性指数为2.15～2.88；均匀度指数为0.83～0.98；丰富度指数为0.46～0.71（表7-24）。结果显示，浮游动物群落结构多样性指数一般；均匀度指数较理想；丰富度指数偏低。以浮游动物而言，该海域为轻度污染。

表7-24 海口市污水处理厂深水排放口附近海域浮游动物群落结构指数

站位	多样性指数	均匀度指数	丰富度指数
Z401	2.88	0.98	0.46
Z402	2.57	0.92	0.65
Z403	2.15	0.83	0.71

7.5 东寨港贝类养殖区

7.5.1 生态环境特征

东寨港为铺前湾的内湾，系地震作用造成地层下降而形成的溺谷型海湾，港内海岸线曲折，有演丰河等几条小河汇入。东寨港内生长着茂密的红树林，已建立了国家级红树林自然保护区。该海域是海南岛重要的滩涂养殖基地，主要养殖品种为牡蛎、文蛤、血蚶等。

东寨港的主要经济活动有养殖、捕捞及滨海旅游，沿岸的经济活动主要有农业种植、高低位池对虾养殖、滨海沙矿开采等。影响监测海域水质的污染物主要来自珠溪河、三江河、演丰河等携带上游污染物的入海江水，东寨港沿岸居民的生活污水，港内养殖业的生产废水和各类船只排放的含油污水。

7.5.2　监测站位布设

东寨港贝类养殖区监测站位布设见图7-5。

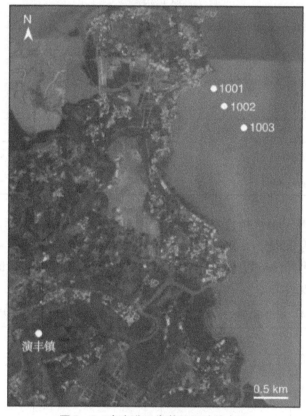

图7-5　东寨港贝类养殖区站位布设

7.5.3　浮游植物群落结构

3个站位的网采监测结果显示，1003站位浮游植物密度最高，为4.69×10^4 ind/L；1002站位浮游植物密度最低，为2.11×10^4ind/L（表7-25）。东寨港贝类养殖区浮游植物总计23种（属）（表7-26）。其中，硅藻最多，共14种（属），占浮游植物总种数的61%，优势种是隐秘小环藻（*Cyclotella cryptica*），出现率为100%，密度为8.96×10^4 ind/L；中心圆筛藻（*Coscinodiscus centralis*），出现率为100%，密度为3.84×10^3ind/L。

表 7-25　东寨港贝类养殖区浮游植物密度分布

站位	密度（ind/L）
1001	33 716
1002	21 118
1003	46 926

表 7-26　东寨港贝类养殖区浮游植物种类组成及密度

序号	浮游植物	密度（ind/L）	优势种	出现率（%）
	硅藻			
1	隐秘小环藻 *Cyclotella cryptica*	8958	* * *	100
2	中心圆筛藻 *Coscinodiscus centralis*	3839	* * *	100
3	洛氏角毛藻 *Chaetoceros lorenzianus*	1706	* *	100
4	柔弱几内亚藻 *Guinardia delicatula*	1706	* *	100
5	旋链角毛藻 *Chaetoceros curvisetus*	1120	* *	100
6	中华齿状藻 *Odontella sinensis*	1	*	100
7	辐射圆筛藻 *Coscinodiscus radiatus*	4799	* *	67
8	角毛藻 *Chaetoceros* sp.	3839	*	67
9	圆筛藻 *Coscinodiscus* sp.	853	* *	67
10	窄隙角毛藻 *Chaetoceros affinis*	4	*	67
11	布纹藻 *Gyrosigma* sp.	1	*	67
12	丹麦细柱藻 *Leptocylindrus danicus*	1706	*	33
13	偏心圆筛藻 *Coscinodiscus excentricus*	2	*	33
14	中肋骨条藻 *Skeletonema costatum*	1	*	33
	绿藻			
15	小球藻 *Chlorella* sp.	3839	* *	67
16	四角藻 *Tetraedron* sp.	1706	*	67
17	栅列藻 *Scenedesmus* sp.	1120	*	67
18	纤维藻 *Ankistrodesmus* sp.	6825	*	33
	甲藻			
19	具刺膝沟藻 *Gonyaulax spinifera*	13 650	* *	67
20	光薄甲藻 *Glenodinium gymnodinium*	1120	*	33

序号	浮游植物	密度（ind/L）	优势种	出现率（%）
	蓝藻			
21	束丝藻 *Aphanizomenon* sp.	1120	*	33
22	胶鞘藻 *Phormidium* sp.	1120	*	33
	金藻			
23	等鞭金藻 *Isochrysis* sp.	6825	* * *	100

东寨港贝类养殖区浮游植物群落结构多样性指数为 2.71～3.73；均匀度指数为 0.76～0.88；丰富度指数为 0.61～1.18（表 7-27）。结果显示，浮游植物群落结构多样性指数一般；均匀度指数适中；丰富度指数偏低。以浮游植物而言，该海域为轻度污染。

表 7-27　东寨港贝类养殖区浮游植物群落结构指数

站位	多样性指数	均匀度指数	丰富度指数
1001	3.73	0.88	1.18
1002	2.71	0.82	0.61
1003	3.09	0.76	1.03

7.5.4　浮游动物群落结构

3 个站位的监测结果显示，1003 站位浮游动物密度最高，为 6.53×10^4 ind/m^3；1001 站位浮游动物密度最低，为 5.28×10^4 ind/m^3（表 7-28）。东寨港贝类养殖区浮游动物总计 10 种（属）（表 7-29）。其中，桡足类最多，共 5 种，占浮游动物总种数的 50%。优势种为坚长腹剑水蚤（*Oithona rigida*），出现率为 100%，密度为 1.38×10^4 ind/m^3；中华哲水蚤（*Calanus sinicus*），出现率为 100%，密度为 4.6×10^3 ind/m^3；小拟哲水蚤（*Paracalanus parvus*），出现率为 100%，密度为 4.6×10^3 ind/m^3。

表 7-28　东寨港贝类养殖区浮游动物密度及生物量分布

站位	密度（ind/m^3）	生物量（mg/m^3）
1001	52 800	2100
1002	61 640	2790
1003	65 320	2600

表 7 – 29　东寨港贝类养殖区浮游动物种类组成及密度

序号	浮游动物	密度 (ind /m³)	优势种	出现率（%）
	桡足类			
1	坚长腹剑水蚤 *Oithona rigida*	13 800	* * *	100
2	中华哲水蚤 *Calanus sinicus*	4600	* *	100
3	小拟哲水蚤 *Paracalanus parvus*	4600	* *	100
4	小哲水蚤 *Nannocalanus minor*	2760	* *	100
5	挪威小毛猛水蚤 *Microsetella norvegica*	960	*	33
	原生动物			
6	钟形网纹虫 *Favella campanula*	3680	* *	100
7	钟形虫 *Vorticella* sp.	1920	*	33
8	异体住囊虫 *Oikopleura dioica*	920	*	33
	浮游幼虫			
9	无节幼体 Nauplius	32 547	* * *	100
10	桡足幼体 Copepodite	12 880	* * *	100

　　东寨港贝类养殖区浮游动物群落结构多样性指数为 1. 78 ～ 2. 24；均匀度指数为 0. 77 ～ 0. 85；丰富度指数为 0. 39 ～ 0. 60（表 7 – 30）。结果显示，浮游动物群落结构多样性指数偏低；均匀度指数较理想；丰富度指数偏低。以浮游动物而言，该海域为中度污染。

表 7 – 30　东寨港贝类养殖区浮游动物群落结构指数

站位	多样性指数	均匀度指数	丰富度指数
1001	2. 24	0. 80	0. 60
1002	2. 19	0. 85	0. 49
1003	1. 78	0. 77	0. 39

8 2010年铺前湾生态评价

8.1 铺前湾生态环境特征

铺前湾位于海南岛北部，海口市与文昌市之间的北部海湾，包括哥村港、铺前港、东营港、新埠港等。海湾因东侧的文昌市铺前镇得名，面积约 92.5km²，其内湾有大片红树林，是海产经济生物的重要养殖场所。

8.2 监测站位布设

铺前湾监测站位布设见图 8 – 1。

图 8 – 1　铺前湾站位布设

8.3 浮游植物

8.3.1 夏季浮游植物类群

铺前湾夏季浮游植物共 54 种。其中，硅藻最多，38 种，占总种数的 70.37%；其次是甲藻，13 种，占 24.07%；蓝藻 2 种，占 3.70%；金藻 1 种，占 1.85%（表 8 – 1）。

表 8 - 1　铺前湾夏季浮游植物种类数

类别	站位												总计
	1	2	3	4	7	11	13	14	15	17	18	20	
硅藻	14	15	20	13	23	15	14	16	12	7	15	20	38
甲藻	2	0	5	2	3	3	0	5	2	2	0	4	13
蓝藻	0	1	0	0	1	0	0	0	0	0	1	0	2
金藻	0	0	0	0	1	0	0	0	0	0	0	0	1
小计	16	16	25	15	28	18	14	21	14	9	17	24	54

8.3.2　夏季浮游植物优势种

尖刺拟菱形藻优势度最高，为 0.14，在 11 个站位出现，出现频率为 91.67%，平均生物密度为 126.99ind/L，占浮游植物生物密度百分比为 15.71%。尖刺拟菱形藻在 3 号站位生物密度最高，为 341.60ind/L；其次为 14 号站位，为 247.50ind/L；15 号站位最低，为 33.50ind/L。中肋骨条藻优势度为 0.13，在 10 个站位出现，出现频率为 75.00%，平均生物密度为 1229.49ind/L，占浮游植物生物密度百分比为 17.36%。中肋骨条藻在 3 号站位生物密度最高，为 7286.40ind/L；其次为 2 号站位，1745.70ind/L；18 号站位最低，为 15.20ind/L。辐射圆筛藻优势度为 0.08，在 10 个站位出现，出现频率为 83.33%，平均生物密度为 876.41ind/L，占浮游植物生物密度百分比为 10.14%。辐射圆筛藻在 2 号站位生物密度最高，为 6727.40ind/L；其次为 1 号站位，为 1707.80ind/L；18 号站位最低，为 0.04ind/L。派格棍形藻、布纹藻、肘状针杆藻的平均生物密度分别为 196.69ind/L、73.30ind/L、104.86ind/L（表 8 - 2）。

表 8 - 2　铺前湾夏季浮游植物优势种

种名	平均密度 （ind/L）	密度百分比 （%）	出现率 （%）	优势度
尖刺拟菱形藻 *Pseudo-nitzschia pungens*	126.99	15.71	91.67	0.14
中肋骨条藻 *Skeletonema costatum*	1229.49	17.36	75.00	0.13
辐射圆筛藻 *Coscinodiscus radiatus*	876.41	10.14	83.33	0.08
派格棍形藻 *Bacillaria paxillifera*	196.69	6.15	83.33	0.05
布纹藻 *Gyrosigma* sp.	73.30	4.07	83.33	0.03
肘状针杆藻 *Synedra ulna*	104.86	4.32	75.00	0.03

8.3.3　夏季浮游植物生物密度

夏季浮游植物生物密度为 $1.28 \times 10^2 \sim 190.90 \times 10^2$ ind/L，平均生物密度为 41.93×10^2 ind/L（表 8 - 3）。硅藻生物密度最高，为 40.36×10^2 ind/L，占总生物密度的

96.26%；其次为蓝藻，1.11×10^2 ind /L，占 2.65%；甲藻为 0.34×10^2 ind /L，占 0.81%；金藻为 0.11×10^2 ind /L，占 0.26%。2 号站位生物密度最高，为 190.90×10^2 ind /L；其次为 3 号站位，172.16×10^2 ind /L；1 号站位居第三位，为 54.66×10^2 ind /L；17 号站位最低，为 1.28×10^2 ind /L。

表 8 – 3　铺前湾夏季浮游植物生物密度

站位	密度（$\times 10^2$ ind/L）				
	硅藻	甲藻	蓝藻	金藻	总计
1	53.90	0.76	0.00	0.00	54.66
2	178.00	0.00	12.90	0.00	190.90
3	171.00	1.16	0.00	0.00	172.16
4	18.20	0.57	0.00	0.00	18.77
7	30.70	0.44	0.44	1.31	32.89
11	2.77	0.16	0.00	0.00	2.93
13	2.00	0.00	0.00	0.00	2.00
14	19.30	0.51	0.00	0.00	19.81
15	1.47	0.07	0.00	0.00	1.54
17	1.14	0.14	0.01	0.00	1.28
18	2.35	0.01	0.00	0.00	2.36
20	3.54	0.25	0.00	0.00	3.80

8.3.4　夏季浮游植物群落结构指数

夏季浮游植物多样性指数为 2.59 ～ 3.98，平均为 3.05。其中，7 号站位最高，为 3.98；其次为 20 号站位，为 3.60；其余各站位大多在 3.00 左右，2 号站位最低，只有 2.59。丰富度为 1.05 ～ 2.68，平均为 1.73。均匀度为 0.65 ～ 0.90，平均为 0.75（表 8 – 4）。

表 8 – 4　铺前湾夏季浮游植物群落结构指数

指数	站位											
	1	2	3	4	7	11	13	14	15	17	18	20
H'	2.69	2.59	3.14	3.30	3.98	2.91	2.72	3.28	2.79	2.61	2.93	3.60
D	1.21	1.05	1.71	1.29	2.31	2.07	1.70	1.83	1.79	1.14	2.03	2.68
J'	0.67	0.65	0.68	0.84	0.83	0.70	0.72	0.75	0.73	0.82	0.72	0.90

8.3.5　冬季浮游植物类群

铺前湾冬季浮游植物共 72 种。其中，硅藻最多，有 48 种，占总种数的 66.67%；其次是甲藻，有 15 种，占 20.83%；绿藻有 5 种，占 6.94%；蓝藻有 2 种，占 2.78%；黄藻和针胞藻各有 1 种，分别占 1.39%（表 8 - 5）。

表 8 - 5　铺前湾冬季浮游植物种类数

类别	站位												总计
	1	2	3	4	7	11	13	14	15	17	18	20	
硅藻	23	15	22	8	21	20	23	19	21	25	19	17	48
甲藻	3	4	0	0	3	4	7	3	4	4	7	2	15
绿藻	1	0	1	0	1	1	0	0	0	1	1	0	5
蓝藻	1	0	0	0	1	1	1	1	1	1	1	0	2
黄藻	1	0	0	0	1	0	0	0	0	0	0	0	1
针胞藻	0	0	0	0	1	0	0	0	0	0	0	0	1
小计	29	19	23	8	28	26	31	23	26	31	28	19	72

8.3.6　冬季浮游植物优势种

曲壳藻优势度最高，为 0.15，在 10 个站位出现，出现频率为 83.33%，平均生物密度为 49.36ind/L，占浮游植物生物密度百分比为 18.56%。曲壳藻在 14 号站位生物密度最高，为 124.61ind/L；其次为 20 号站位，为 111.08ind/L；17 号站位最低，为 1.70ind/L。隐秘小环藻优势度为 0.10，在 10 个站位出现，出现频率为 83.33%，平均生物密度为 48.83ind/L，占浮游植物生物密度百分比为 12.36%。隐秘小环藻在 3 号站位生物密度最高，为 137.14ind/L；其次为 2 号站位，为 105.07ind/L；20 号站位最低，为 0.60ind/L。辐射圆筛藻优势度为 0.07，在 11 个站位出现，出现频率为 91.67%，平均生物密度为 42.86ind/L，占浮游植物生物密度百分比为 7.48%。辐射圆筛藻在 7 号站位生物密度最高，为 166.98ind/L；其次为 2 号站位，111.32ind/L；15 号站位最低，为 1.56ind/L。佛氏海毛藻、中肋骨条藻的平均生物密度分别为 20.01ind/L、20.58ind/L（表 8 - 6）。

表 8 - 6　铺前湾冬季浮游植物优势种

种名	平均密度 （ind/L）	密度百分比 （%）	出现率 （%）	优势度
曲壳藻 Achnanthes sp.	49.36	18.56	83.33	0.15
隐秘小环藻 Cyclotella cryptica	48.83	12.36	83.33	0.10
辐射圆筛藻 Coscinodiscus radiatus	42.86	7.48	91.67	0.07
佛氏海毛藻 Thalassiothrix frauenfeldii	20.01	6.30	91.67	0.06
中肋骨条藻 Skeletonema costatum	20.58	3.48	83.33	0.03

8.3.7　冬季浮游植物生物密度

冬季浮游植物生物密度为 $1.16 \times 10^2 \sim 11.15 \times 10^2$ ind/L，平均生物密度为 4.31×10^2 ind/L（表 8 - 7）。硅藻生物密度最高，为 3.74×10^2 ind/L，占总生物密度的 86.77%；

其次为绿藻，$0.26 \times 10^2 \text{ind}/\text{L}$，占6.03%；甲藻为 $0.12 \times 10^2 \text{ind}/\text{L}$，占2.78%；黄藻为 $0.10 \times 10^2 \text{ind}/\text{L}$，占2.32%；针胞藻为 $0.07 \times 10^2 \text{ind}/\text{L}$，占1.62%；蓝藻最低，只有 $0.02 \times 10^2 \text{ind}/\text{L}$，占0.46%。3号站位生物密度最高，为 $11.15 \times 10^2 \text{ind}/\text{L}$；其次为7号站位，为 $8.76 \times 10^2 \text{ind}/\text{L}$；2号站位居第三位，为 $6.82 \times 10^2 \text{ind}/\text{L}$；17号站位最低，为 $1.16 \times 10^2 \text{ind}/\text{L}$。

表8-7　铺前湾冬季浮游植物生物密度

站位	密度（$\times 10^2 \text{ind}/\text{L}$）						
	硅藻	甲藻	绿藻	蓝藻	黄藻	针胞藻	总计
1	2.91	0.05	1.67	0.00	0.33	0.00	5.03
2	6.73	0.08	0.00	0.00	0.00	0.00	6.82
3	10.76	0.00	0.39	0.00	0.00	0.00	11.15
4	1.79	0.00	0.00	0.00	0.00	0.00	1.79
7	6.49	0.51	0.06	0.03	0.83	0.83	8.76
11	4.32	0.35	0.66	0.05	0.00	0.00	5.38
13	2.81	0.22	0.00	0.01	0.00	0.00	3.04
14	3.46	0.07	0.00	0.02	0.00	0.00	3.54
15	1.76	0.03	0.00	0.01	0.00	0.00	1.80
17	0.97	0.04	0.15	0.01	0.00	0.00	1.16
18	1.19	0.13	0.14	0.14	0.00	0.00	1.59
20	1.64	0.01	0.00	0.00	0.00	0.00	1.65

8.3.8　冬季浮游植物群落结构指数

冬季浮游植物多样性指数为1.82～3.94，平均为3.20。其中，7号站位最高，为3.94；其次为11号站位，为3.89；其余各站位大多在3.00左右，20号站位最低，只有1.82。丰富度为0.94～3.69，平均为2.69。均匀度为0.43～0.83，平均为0.71（表8-8）。

表8-8　铺前湾冬季浮游植物群落结构指数

指数	站位											
	1	2	3	4	7	11	13	14	15	17	18	20
H'	3.47	2.93	3.66	1.89	3.94	3.89	3.64	3.20	2.95	3.10	3.86	1.82
D	3.12	1.91	2.17	0.94	2.76	2.76	3.64	2.60	3.34	2.91	3.69	2.44
J'	0.71	0.69	0.81	0.63	0.82	0.83	0.73	0.71	0.63	0.71	0.80	0.43

8.3.9　浮游植物评价

铺前湾的浮游植物主要是广温近海类群、广温广盐类群、河口半咸水类群及外海偏暖水类群。其中，广温近海类群种类最多，主要有根管藻、尖刺拟菱形藻，其数量在调查区内也占较大比例，是该海域浮游植物群落组成中最重要的类群；广温广盐类群主要有辐射圆筛藻；河口半咸水类群主要有具槽直链藻，其出现范围较小，地位和作用相对较低；外海偏暖水类群主要有中华盒形藻，该类群主要随外海水进入本海域，种类及其数量均较少。

铺前湾的浮游植物群落结构以硅藻为主，冬季浮游植物种类较多，但丰度显著低于夏季。夏季浮游植物群落结构多样性指数和均匀度一般，丰富度偏低；冬季浮游植物群落结构多样性指数一般，均匀度偏低，丰富度较高。

8.4 浮游动物

8.4.1 夏季浮游动物类群

铺前湾夏季浮游动物共 29 种。其中，原生动物最多，有 10 种，占总种数的 34.48%；其次是浮游幼虫，有 7 种，占 24.14%；桡足类有 6 种，占 20.69%；毛颚动物有 2 种，占 6.90%；腔肠动物、轮虫、被囊类及线形动物各 1 种，各占 3.45%。2 号站位浮游动物种类最多，为 16 种；其次是 4 号、15 号及 18 号站位，均为 15 种；1 号站位最少，为 10 种。各站位浮游动物种类数差异不大。

8.4.2 夏季浮游动物优势种

铺前湾夏季浮游动物优势种共 11 种（表 8-9）。浮游幼虫 1 种，为无节幼体；原生动物 5 种，分别为诺氏麻铃虫、根状拟铃虫、妥肯丁拟铃虫、布氏拟铃虫及钟形网纹虫；桡足类 5 种，分别为坚长腹剑水蚤、小拟哲水蚤、挪威小毛猛水蚤、小哲水蚤及中华哲水蚤。

表 8-9 铺前湾夏季浮游动物优势种

种名	平均密度 （ind /m³）	密度百分比 （%）	出现率（%）	优势度
无节幼体 Nauplius	357.72	16.49	100.00	0.16
诺氏麻铃虫 Leprotintinnus nordquisti	592.83	16.28	66.67	0.11
根状拟铃虫 Tintinnopsis radix	152.22	12.50	83.33	0.10
妥肯丁拟铃虫 Tintinnopsis tocantinensis	300.45	10.50	83.33	0.09
坚长腹剑水蚤 Oithona rigida	119.05	6.87	100.00	0.07
小拟哲水蚤 Paracalanus parvus	80.23	5.52	91.67	0.05
布氏拟铃虫 Tintinnopsis bütschlii	131.14	8.41	58.33	0.05
挪威小毛猛水蚤 Microsetella norvegica	72.29	5.27	75.00	0.04
小哲水蚤 Nannocalanus minor	61.04	6.00	66.67	0.04
钟形网纹虫 Favella campanula	113.82	4.14	75.00	0.03
中华哲水蚤 Calanus sinicus	79.71	5.07	58.33	0.03

无节幼体优势度最高，为 0.16，平均生物密度为 357.72ind /m³，占浮游动物生物密度百分比为 16.49%。无节幼体在 3 号站位生物密度最高，为 1181.30ind /m³；其次为 2 号站位，为 1104.20ind /m³；11 号站位最低，为 37.50ind /m³。诺氏麻铃虫优势度为 0.11，平均生物密度为 592.83ind /m³，占总浮游动物生物密度的 16.28%。诺氏麻铃虫在 3 号站位生物密度最高，为 2600.00ind /m³；其次为 7 号站位，为 923.10ind /m³；20 号站位最低，为 28.80ind /m³。根状拟铃虫优势度为 0.10，平均生物密度为 152.22ind /m³，占总浮游动物生物密度的 12.50%。根状拟铃虫在 7 号站位生物密度最高，为 461.50ind /m³；其次是 3 号站位，为 237.50ind /m³；20 号站位最低，为 27.80ind /m³。妥肯丁拟铃虫优势度为 0.09，平均生物密度为 300.45ind /m³，占总浮游动物生物密度的 10.50%。妥肯丁拟铃虫在 3 号站位生物密度最高，为 1181.30ind /m³；其次为 2 号站位，为 629.20ind /m³；15 和 17 号站位最低，均为 28.70ind /m³。坚长腹剑水蚤、小拟哲水蚤、布氏拟铃虫、挪威小毛猛水蚤、小哲水蚤、钟形网纹虫、中华哲水蚤的优势度分别为 0.07、0.05、0.05、0.04、0.04、0.03、0.03，平均生物密度分别为 119.05ind /m³、80.23ind /m³、131.14ind /m³、72.29ind /m³、61.04ind /m³、113.82ind /m³、79.71ind /m³。

8.4.3 夏季浮游动物生物密度

夏季浮游动物生物密度为 4.68 ～ 8052.70ind /m³，平均生物密度为 2039.10ind /m³（表8 – 10）。原生动物生物密度最高，为 1150.72ind /m³，占总生物密度的 56.43%；其次为浮游幼虫，为 504.18ind /m³，占 24.73%；桡足类为 335.37ind /m³，占 16.45%；毛颚动物最低，为 4.68ind /m³，仅占 0.23%。3 号站位生物密度最高，为 8052.70ind /m³；其次为 2 号站位，为 3604.17ind /m³；7 号站位居第三位，为 3278.80ind /m³；20 号站位最低，为 346.90ind /m³。

表 8 – 10　铺前湾夏季浮游动物生物密度

站位	密度（ind /m³）							
	原生动物	桡足类	腔肠动物	轮虫	被囊类	线形动物	毛颚动物	浮游幼虫
1	860.40	233.33	0.00	0.00	0.00	0.00	0.00	543.80
2	1266.67	795.80	0.00	0.00	0.00	145.80	0.00	1395.90
3	5200.00	962.50	0.00	0.00	0.00	0.00	0.00	1890.20
4	1334.40	345.30	0.00	0.00	0.00	0.00	0.00	417.30
7	2295.70	175.50	0.00	81.70	0.00	0.00	0.00	726.00
11	173.20	166.10	69.60	33.00	0.00	0.00	0.00	73.50
13	555.50	213.30	0.00	0.00	0.00	0.00	0.00	93.80
14	1527.20	402.20	0.00	0.00	106.00	0.00	0.00	404.9
15	155.90	283.80	27.90	0.00	0.00	0.00	14.70	170.00
17	155.90	283.80	0.00	0.00	0.00	0.00	14.70	169.90
18	130.00	78.80	48.80	0.00	17.10	0.00	0.00	82.50
20	153.80	84.00	0.00	0.00	0.00	0.00	26.70	82.30

8.4.4 夏季浮游动物群落结构指数

夏季浮游动物多样性指数为 2.90 ~ 3.53，平均为 3.26。其中，18 号站位最高，为 3.53；其次为 20 号站位，为 3.50；1 号站位最低，为 2.90。丰富度为 0.84 ~ 1.65，平均为 1.23。均匀度为 0.84 ~ 0.96，平均为 0.90（表 8 – 11）。

表 8 – 11　铺前湾夏季浮游动物群落结构指数

指数	站位											
	1	2	3	4	7	11	13	14	15	17	18	20
H'	2.90	3.31	2.97	3.14	2.92	3.31	3.20	3.45	3.44	3.47	3.53	3.50
D	0.84	1.27	0.92	1.27	0.86	1.33	1.23	1.07	1.50	1.40	1.65	1.42
J'	0.87	0.87	0.86	0.84	0.84	0.96	0.93	0.93	0.93	0.91	0.93	0.95

8.4.5 冬季浮游动物类群

铺前湾冬季浮游动物共 27 种。其中，桡足类最多，为 12 种，占总种数的 44.44%；其次是腔肠动物，为 5 种，占 18.52%；浮游幼虫 4 种，占 14.81%；甲壳类和毛颚动物各 2 种，各占 7.41%；原生动物和介形类各 1 种，各占 3.70%。4 号站位浮游动物种类最多，为 18 种；其次是 1 号、18 号及 20 号站位，均为 15 种；7 号和 11 号站位最少，均为 9 种。各站位浮游动物种类数差异不大。

8.4.6 冬季浮游动物优势种

铺前湾冬季浮游动物优势种共 5 种（表 8 – 12）。浮游幼虫 1 种，为大眼幼虫；桡足类 4 种，分别为小拟哲水蚤、小哲水蚤、中华哲水蚤及瘦长真哲水蚤。

表 8 – 12　铺前湾冬季浮游动物优势种

种名	平均密度 （ind /m³）	密度百分比 （%）	出现率 （%）	优势度
大眼幼虫 Megalopa larva	203.45	12.23	100.00	0.12
小拟哲水蚤 Paracalanus parvus	63.18	9.41	100.00	0.09
小哲水蚤 Nannocalanus minor	72.85	8.93	75.00	0.07
中华哲水蚤 Calanus sinicus	12.19	3.82	100.00	0.04
瘦长真哲水蚤 Eucalanus elongatus	9.61	4.88	83.33	0.04

大眼幼虫优势度最高，为 0.12，平均生物密度为 203.45ind /m³，占浮游动物生物密度百分为 12.23%。大眼幼虫在 4 号站位的生物密度最高，为 1785.71ind /m³；其次是 2 号站位，为 416.67ind /m³；13 号站位最低，为 3.61ind /m³。小拟哲水蚤优势度为 0.09，平均生物密度为 63.18ind /m³，占浮游动物生物密度百分为 9.41%。小拟哲水

蚤在 7 号站位生物密度最高，为 635.94ind /m^3；其次是 4 号站位，为 31.25ind /m^3；17 号站位最低，为 3.41ind /m^3。小哲水蚤优势度为 0.07，平均生物密度为 72.85ind /m^3，占浮游动物生物密度百分比为 8.93%。小哲水蚤在 4 号站位生物密度最高，为 357.14ind /m^3；其次是 11 号站位，为 261.25ind /m^3；13 号站位最低，为 1.20ind /m^3。中华哲水蚤、瘦长真哲水蚤的优势度均为 0.04，平均生物密度分别为 12.19ind /m^3、9.61ind /m^3。

8.4.7 冬季浮游动物生物密度

冬季浮游动物生物密度为 1.04 ～ 19 134.09ind /m^3，平均生物密度为 2634.79ind /m^3（表 8 – 13）。浮游幼虫生物密度最高，为 1332.62ind /m^3，占总生物密度的 50.58%；其次为原生动物，为 571.43ind /m^3，占 21.69%；桡足类为 470.40ind /m^3，占 17.85%；介形类最低，为 0.56ind /m^3，仅占 0.02%。4 号站位生物密度最高，为 19 134.09ind /m^3；其次是 3 号站位，为 8722.68ind /m^3；7 号站位居第三位，为 1114.08ind /m^3；17 号站位最低，为 32.96ind /m^3。

表 8 – 13　铺前湾冬季浮游动物生物密度

站位	密度（ind /m^3）						
	原生动物	桡足类	腔肠动物	甲壳类	毛颚动物	介形类	浮游幼虫
1	250.00	20.00	3.75	18.75	18.75	1.25	267.50
2	0.00	20.83	10.42	14.59	18.75	0.00	833.33
3	6250.00	832.04	7.81	1593.76	15.63	0.00	23.44
4	357.14	3348.39	357.14	379.46	31.25	4.46	14 656.25
7	0.00	689.07	6.25	278.13	40.63	0.00	100.00
11	0.00	566.25	0.00	47.50	20.00	0.00	45.00
13	0.00	15.63	4.81	12.02	13.22	0.00	3.61
14	0.00	49.11	8.93	31.25	51.34	0.00	17.85
15	0.00	20.83	3.12	7.29	14.59	1.04	11.46
17	0.00	15.34	0.57	7.39	5.68	0.00	3.98
18	0.00	24.48	9.38	10.94	13.54	0.00	9.37
20	0.00	42.86	8.93	28.57	23.22	0.00	19.64

8.4.8 冬季浮游动物群落结构指数

冬季浮游动物多样性指数为 1.20 ～ 3.69，平均为 2.47。其中，20 号站位最高，为 3.69；其次为 18 号站位，为 3.61；3 号站位最低，为 1.20。丰富度为 0.76 ～ 2.30，平均为 1.44。均匀度为 0.36 ～ 0.94，平均为 0.68（表 8 – 14）。

表 8 – 14　铺前湾冬季浮游动物群落结构指数

指数	站位											
	1	2	3	4	7	11	13	14	15	17	18	20
H'	1.91	1.53	1.20	2.15	2.01	2.18	3.38	3.32	3.19	1.50	3.61	3.69
D	1.42	1.12	0.76	1.12	0.79	0.85	1.96	1.51	1.89	1.53	2.30	2.02
J'	0.50	0.43	0.36	0.53	0.63	0.69	0.94	0.93	0.89	0.42	0.92	0.94

8.4.9　浮游动物评价

铺前湾的浮游动物主要是近岸低盐型、广温广盐型及暖水型，如小拟哲水蚤、中华哲水蚤、八手筐水母等。参照生物指数评价标准，铺前湾水质总体较好。

⑨ 2006—2018 年海南岛近岸海域有害甲藻

9.1 甲藻的基本形态特征

甲藻细胞裸露或具纤维质细胞壁，壁薄或厚而硬（称壳壁）。具叶绿素 a、叶绿素 c、β-胡萝卜素和甲藻特有的甲藻素及多甲藻素，少数种类无色素，故细胞多呈黄绿色至金黄褐色。具鞭毛两条，等长或略不等长，顶生或从纵横沟相交处的鞭毛孔伸出，一条环绕在横沟内，另一条通过纵沟向后伸出体外，为运动胞器，因此，甲藻通常又被称为双鞭毛虫（dinoflagellate）。甲藻大多营浮游生活，但也有少数种类为不动类型。此外，还包括一些寄生、腐生和共生的种类。

甲藻大多为运动的单细胞个体，细胞呈球形、卵形、针形、多角形等，背腹扁平或左右侧扁。细胞前后端常有角状突起，有些种类的突起呈翅状。此外，少数为丝状体或由单细胞连成的各种群体。

9.1.1 细胞壁

甲藻的细胞壁是一层由原生质所分泌的相当坚实的表质膜。纵裂甲藻亚纲的细胞壁由左右两片组成，细胞表面无纵沟和横沟（图 9-1）。横裂甲藻亚纲细胞裸露或具纤维素细胞壁，细胞壁由许多壳板嵌合而成，壳板表面常具孔纹，有时具刺、脊或乳状突起，壳板边缘稍倾斜并相互覆盖。横裂甲藻亚纲的大多数种类具 1 条横沟和 1 条纵沟。横沟（transverse furrow）又称腰带，位于细胞中部或偏于一端，围绕整个细胞或仅围绕细胞的一半，呈环状或螺旋形。壳板以横沟分成上壳（上甲，epitheca）和下壳（下甲，hypotheca），横沟以上称为上壳或上锥部（epicone），横沟以下称为下壳或下锥部（hypocone）。纵沟（longitudinal furrow）又称腹区，位于细胞腹面的横沟下面，可上、下延伸，有的达下壳末端，有的达上壳顶端。横、纵沟内各具 1 条鞭毛，即横沟鞭毛和纵沟鞭毛。所有上壳、下壳、横沟、纵沟都由板片组成（图 9-2），这些板片的形状、数目、排列方式随属、种而异，是具壳甲藻分类的重要依据。

9.1.2 鞭毛

甲藻具两条等长或略不等长的鞭毛，为运动器官。鞭毛的构造及运动方式随种类而异。纵裂甲藻的鞭毛着生于细胞前端，由细胞前端的两半壳伸出，呈带状，1 条伸向前方，另 1 条螺旋环绕于细胞前端。横裂甲藻的鞭毛着生于腹面，自横沟及纵沟相交处的鞭毛孔伸出 1 条横沟鞭毛（transversal flagellum）和 1 条纵沟鞭毛（longitudinal flagellum）。横沟鞭毛为茸鞭型，由成排的细长毛构成，呈带状，自横沟与纵沟相交处的鞭毛

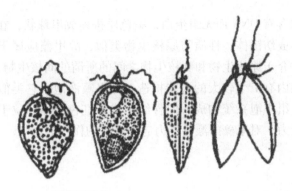

图 9 - 1　海洋原甲藻（*Prorocentrum micans*）（自 Lebour）

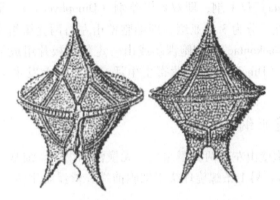

图 9 - 2　多甲藻目（Peridinales）（自李洪武）

孔伸出，环绕于横沟内作波状运动，使细胞旋转；纵沟鞭毛为尾鞭型，表面光滑，不具茸毛，呈线状，自纵沟伸向体后，做鞭状运动，使细胞前进。因此，甲藻的运动为旋转式前进。

9.1.3　色素体

除了全动营养（如 *Noctiluca*）和寄生的种类（如 *Blastodinium*）等没有色素体外，大多数甲藻均有色素体。纵裂甲藻的色素体少，常呈片状；横裂甲藻的色素体则小而多，常呈盘状。

甲藻的光合作用色素有叶绿素 a、叶绿素 c、β - 胡萝卜素以及 4 种叶黄素（环甲藻素、新甲藻素、甲藻黄素、硅甲藻素，其中前 3 种是甲藻门所独有的色素），此外还有棕红色的甲藻素，暗红色的多甲藻素，黄绿色的绿色素、墨角藻黄素。这些色素在光照条件下进行光合作用，产生淀粉和脂类。海产甲藻的细胞内常含有黄色或红色的油滴。

甲藻色素体常呈黄绿色、黄褐色、红褐色等，故而甲藻细胞常呈黄绿色或棕黄色，许多暖海种类常呈黄色或粉红色。在不同种类的细胞内，各色素含量有很大差异，如海洋原甲藻（*Prorocentrum micans*）以多甲藻素为主，没有墨角藻黄素；而剧毒卡尔藻（*Karlodinium veneficum*）则相反。

9.1.4　细胞核和细胞器

甲藻有 1 个大而明显的细胞核，核仁 1 至数个，一般有核膜，但有的种类核膜不明显。多数甲藻的核内含有DNA而无组蛋白，染色质排列成串珠状，在整个有丝分裂过程中核膜不消失，不形成纺锤体，性质与原核生物类似，故甲藻应属于原核生物向真核生物进化的中间型，是介于原核生物和真核生物之间的所谓的间核生物（mesocaryon）。

许多甲藻的细胞内有1个较大的囊状构造，称甲藻液泡。它类似伸缩泡，却无伸缩活动。甲藻液泡由1组小泡系统构成，内含红色或赭红色液体，位于鞭毛插入之处，具有调节渗透作用的能力，对甲藻的漂浮能力起着重要的作用。

9.2 甲藻分类

甲藻门（Pyrrophyta）仅1纲，即双鞭甲藻纲（Dinophyceae）。根据细胞壁组成、鞭毛着生位置、生活习性，分为3个亚纲，即细胞壁由左右两壳瓣组成，具两条顶生鞭毛的纵裂甲藻亚纲（Desmokontae）；细胞裸露或由一定数目板片组成细胞壁，具两条腹生鞭毛的横裂甲藻亚纲（Dinokontae）；营寄生生活，在形态上发生了变化的囊甲藻亚纲（Blastodinophycidae）。

9.2.1 纵裂甲藻亚纲

纵裂甲藻亚纲细胞壁由左右两壳瓣组成，无横沟和纵沟。细胞前端着生出两条不等长鞭毛，1条伸向前方，另1条螺旋环绕于细胞前端。营浮游生活，大多数种类为海产，在我国全部为海产。

9.2.1.1 纵裂甲藻目（Desmomonadales）

纵裂藻目均为单细胞，细胞壁纵分为两半，但纵裂线不明显。鞭毛两条呈带状，着生于细胞前端，1条伸向前方，另1条螺旋环绕于细胞前端。本目只有纵裂甲藻科（Desmomonadaceae）1科，纵裂甲藻属（*Pleromonas*）1属。

纵裂甲藻属特征同目，主要代表种为啮蚀纵裂甲藻（*Pleromonas erosa*）（图9-3），细胞呈卵形，含有1个大色素体，片状，内含2个蛋白核。前端略凹入，两条带状鞭毛由此生出。纤维素的细胞壁很薄，由左右大小不等的两瓣组成。以细胞纵分裂方式进行繁殖。

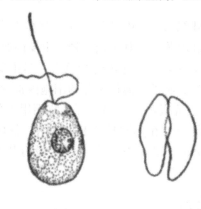

（a）　　　　　　　（b）

图9-3　啮蚀纵裂甲藻（*Pleromonas erosa*）（自 Shiller）

（a）细胞构造　（b）细胞壁

9.2.1.2 原甲藻目 (Prorocentrales)

原甲藻目又称双甲藻目。细胞壁上有 1 条明显的纵裂线，将细胞分成左右两半。本目只有 1 科，为原甲藻科 (Prorocentraceae)，常见原甲藻属 (*Prorocentrum*)。

原甲藻属又称双甲藻属，细胞卵形或略似心形，后端尖，前端或中部略宽，左右侧扁。壳壁 (细胞壁) 自中央分成左右相等的两瓣。鞭毛两条，自细胞前端两半壳之间伸出。在鞭毛孔旁的一壳上或两半壳之间，有 1 个空心或实心的齿状突起 (顶刺)。壳面除纵裂线两侧外，布满孔状纹。色素体 2 个，片状侧生，或粒状。鞭毛基部有 1 个细胞核或 1～2 个液泡。主要有海洋原甲藻 (*Prorocentrum micans*) (图 9 - 1)、利玛原甲藻 (*Prorocentrum lima*) (图 9 - 4) 等。

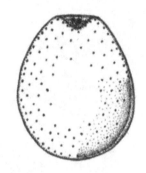

图 9 - 4　利玛原甲藻 (*Prorocentrum lima*)
(自 Hoppenrath 等)

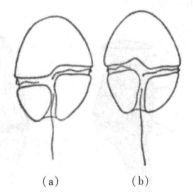

(a)　　　　　(b)

图 9 - 5　横沟旋转方式 (自胡鸿钧等)
(a) 左旋 (下旋)　(b) 右旋 (上旋)

9.2.2　横裂甲藻亚纲

横裂甲藻亚纲甲藻均为单细胞，或由单细胞组成各种形状的群体。细胞裸露或细胞表面有 1 层薄壁或厚而硬的壳壁。壳面有 1 条纵沟和 1 条或多条横沟。有纵沟的一面称为腹面；横沟将细胞分为上壳和下壳，常呈螺旋状，也有种类呈环形，多数种类的横沟能环绕细胞一周。左侧横沟更靠近细胞前端，称左旋或下旋 (图 9 - 5)，所有裸露无细胞壁种类及多数较原始种类均属于此类型；右侧横沟更靠近细胞前端，称右旋或上旋 (图 9 - 5)。两根鞭毛分别着生于纵、横沟相交点的附近，少数种类则是从一个鞭毛孔生出。带状横鞭自鞭毛孔伸出后，向左经过背面到达右方，环绕于横沟内；丝状纵鞭从纵沟伸出体外。具薄壁的种类，其壁由多块相同的多角形小片组成；具壳壁的种类，其壁则由多块大小不同的多角形的板片组成。板片的形状及组合方式是分类的重要依据。

本亚纲分 5 个目，为多甲藻目 (Peridinales)、变形甲藻目 (Dinamoebidiales)、胶甲藻目 (Gloeodiniales)、球甲藻目 (Dinococcales)、丝甲藻目 (Dinotrichales)，其中多甲藻目种类多、分布广，是甲藻门中重要的一目，可分为 3 个亚目。

9.2.2.1 鳍藻亚目 (Dinophysidineae)

鳍藻亚目细胞左右侧扁，有与长轴平行的纵裂线，将细胞分成左右两瓣。横沟明显，靠近细胞前部，故而上锥部小，下锥部大。纵沟短，与纵裂线相重合。邻接横沟与纵沟的各甲板均有翼状边翅。有些种类，其纵沟一侧的边翅很发达，一直延伸到细胞后端，并有起支撑作用的肋刺。细胞壁由 17 块甲板组成，甲板上有明显的网状花纹。本目主要分布于热带海区，包括两个科，常见鳍藻科（Dinophysiaceae）鳍藻属（*Dinophysis*）。

鳍藻科细胞左右侧扁，呈卵圆形，有的种类后端有不规则突起。横沟和纵沟均有发达的边翅。

鳍藻属细胞壳面有孔纹。横沟的边翅斜伸向前，呈漏斗形。左沟边翅较发达，右沟边翅后端逐渐缩小略呈三角形。色素体黄绿色。主要有具尾鳍藻（*Dinophysis caudata*）（图 9 - 6）等。

 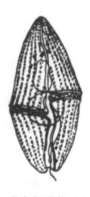 

图 9 - 6　具尾鳍藻（*Dinophysis caudata*）（自 Schiitt 等）　　图 9 - 7　蓝色裸甲藻（*Gymnodinium coeruleum*）（自小久保清治）　　图 9 - 8　夜光藻（*Noctiluca scientillans*）（自 Fott）

9.2.2.2　裸甲藻亚目（Gymnodiniineae）

裸甲藻亚目大多为单细胞，少数为群体。细胞裸露，无甲板或有固定周质膜。有横沟和纵沟，横沟呈环状或螺旋状。多数种类营海洋浮游生活。本亚目包括 6 个科，常见裸甲藻科（Gymnodiniaceae）和夜光藻科（Noctilucaceae）。

裸甲藻科细胞裸露或具很薄的壁。横沟或位于细胞中央或靠近细胞前、后端，纵沟略延伸到上锥部。本科有 4 属，裸甲藻属（*Gymnodinium*）、前沟藻属（*Amphidinium*）、环沟藻属（*Gyrodinium*）、旋沟藻属（*Cochlodinium*），常见裸甲藻属。

裸甲藻属细胞侧扁，卵形到近圆形，表质膜上无纹或有条状纹。细胞如具薄壁，则由许多相同的多角形小板片组成。细胞核 1 个，在细胞中央或下锥部。横沟在细胞中部略下旋，环绕细胞一周，常为左旋；纵沟长度随种类而异，多数略向上锥部延伸，有的则仅位于下锥部。纵鞭长，向右端伸出。色素体多个，盘状或棒状，侧生或放射形排列，呈金褐色、绿色、蓝色、蓝绿色等。有的种类无色素体。本属以海产种类居多，如蓝色裸甲藻（*Gymnodinium coeruleum*）（图 9 - 7）。

夜光藻科细胞圆形，呈囊状，没有外壳，具有 1 条能动的触手。幼体似裸甲藻，成长后横沟及鞭毛均不明显。

夜光藻科仅夜光藻属（*Noctiluca*）一属，特征同科，代表种为夜光藻（*Noctiluca sci-*

entillans）（图9-8）。

9.2.2.3 多甲藻亚目（Peridiniineae）

多甲藻亚目均为单细胞，有时几个细胞连接成链状群体。色素体有或无，有色素体的种类常呈浅红色或棕黄色。细胞有明显的纵沟和横沟，两条鞭毛自腹面横沟及纵沟交叉处的鞭毛孔生出。外壳由横沟分为上壳和下壳两部分，横沟位于细胞中央，呈环状或螺旋状；纵沟在下壳，又称腹区。上壳、下壳、横沟和腹区各由数块多角形板片组成，有些板片表面有网状、线波状或刺状突起。板片的数目、形状和排列方式随属、种而异，是分类的重要依据之一。上、下壳和纵、横沟的板片组成如图9-9所示。

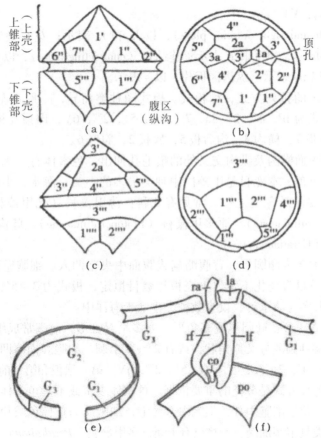

图9-9 多甲藻板片结构模式图（自胡鸿钧等）

（a）腹面观 （b）顶面观 （c）背面观 （d）底面观
（e）横沟腰带板 （f）腹区（图中符号说明见正文）

1．上壳

顶孔板（apical pore plate）：位于上锥部顶端，中间常有一明显的孔，以P表示。

顶板（apical plate）：位于上锥部前端，围绕顶孔板的板片，以角标"′"表示。

沟前板（precingular plate）：位于上锥部，与横沟相邻的板片，或称前带板，以角标"″"表示。

前间插板（anterior intercalary plate）：位于顶板与沟前板之间的板片，以 a 表示。

2．下壳

沟后板（postcingular plate）：位于下锥部，与横沟相邻的板片，或称后带板，以角标"‴"表示。

底板（antapical plate）：位于下锥部末端的板片，以角标"⁗"表示。

后间插板（posterior intercalary plate）：位于沟后板与底板之间的板片，以 p 表示。

3．横沟

横沟板或称腰带板（girdle plate），一般由 3 块板片组成，以 G_1、G_2、G_3 表示。横沟区板片，以 c 表示。

4．腹区（纵沟，V）

左右前板（left and right anterior plate），以 la 和 ra 表示；左右鞭毛孔板（left and right flagellar pore plate），以 lf 和 rf 表示；连结板（connecting plate），以 co 表示；后围板（posterior plate），以 po 表示。纵沟区板片，以 s 表示。

上述板片有一定的排列方式，称板式。板式随种类而异，一般自左→背→右排列。例如，多甲藻的板式为 lP，4′，2－3a，7″，3G，5‴，2⁗，6V，即顶孔板 1，顶板 4，前间插板 2－3，沟前板 7，横沟 3，沟后板 5，底板 2，腹区 6。

鞭毛两条，自腹面横沟及纵沟交叉处的鞭毛孔伸出。色素体有或无，有色素体的种类常呈浅红色或棕黄色。本亚目是甲藻门中种类最多的一类，海水、半咸水、淡水中均有分布，是海洋主要浮游藻类之一。常见有 5 科：薄甲藻科（光甲藻科，Glenodiniaceae）、多甲藻科（Peridiniaceae）、原多甲藻科（Protoperidiniaceae）、膝沟藻科（Gonyaulaxaceae）、角藻科（Ceratiaceae）。

薄甲藻科细胞大多为卵圆形，背腹略扁或腹面中央略凹入。细胞壁薄，整块由小板片组成。上壳板片数目常变化不定，下壳板片数目恒定，板式为 3－5′，0－2a，6－7″，1－5‴，2⁗。本科大多为淡水种，仅少数种类生活于海洋中。

多甲藻科细胞呈球形、椭圆形或多角形，大多呈双锥形。前端常成细而短的圆顶状，或突出成角状；后端钝圆或分叉成角状，或有 2～3 个刺。细胞腹面略凹入，因此顶面多为肾形。板式为 1P，4′，2－3a，7″，3G，5‴，2⁗，6V。第一顶板和第二前间插板的形态以及它们与沟前板的连接方式是分类的重要依据。色素体多个或不具色素体，色素体大多为粒状；细胞核 1 个，位于细胞中部；细胞内有液泡；细胞质为黄棕色或粉红色。贮藏物质除淀粉外，海产种类具很多油滴。本科只有 1 属，多甲藻属（Peridinium），特征同科。

原多甲藻最早被称为多甲藻（Peridinium）。Bergh（1881）提出原多甲藻属（Protoperidinium），将具有纵沟边翅的种称为原多甲藻。Gran（1902）根据有无底刺和横沟的旋转方向将多甲藻属分为 2 个亚属，Protoperidinium 和 Euperidinium。Kofoid（1909）详细阐述了多甲藻壳板的排列模式，成为后期乃至现代多甲藻分类的基础。Jorgensen（1912）认识到 1′ 和 2a 的形状也是多甲藻分类的重要特征，将多甲藻属分成 2 个新的亚属，有 2 片间插板的古生多甲藻亚属（Archaeoperidinium）和有 3 片间插板的真多甲藻亚属（Peridinium）；他还根据 1″ 的形状将多甲藻分成 3 类，ortho 型、meta 型、para 型。Balech（1974）将 231 种多甲藻属物种移至原多甲藻属，概括出原多甲藻的壳板模式为 P，4′，

3a，7″，4c，6(7)s，5‴，2⁗，并参照 Jorgensen 的分类体系将原多甲藻属分为 3 个亚属：*Archaeoperidinium*（2a）、*Minusculum*（3a，6″）、*Protoperidinium*（3a，7″）。Taylor（1976）提出纵沟板与横沟板也是多甲藻分类的重要特征。Bujak 和 Davies（1983）提出将原多甲藻科从多甲藻科中分离出来。截至 2012 年 3 月，根据 AlgaeBase 的记录，世界上有 677 种多甲藻目物种，分别隶属于 11 个科，其中原多甲藻科物种 330 种，而原多甲藻属的物种达 288 种，是整个多甲藻目中物种数量最多的属，也就是说，早期所描述的多甲藻物种除少数仍保留在多甲藻属（具有 5c 或 6c，多为淡水种），绝大多数属于原多甲藻属。

膝沟藻科，单细胞或连成链状群体。横沟明显左旋，腹面横沟较宽，横沟两端距离较大，为宽度的 1.5～7 倍。膝沟藻属（*Gonyaulax*）细胞形态与多甲藻属相似，但本属有 1 块小的延长的副顶端板，纵沟直达顶部。膝沟藻属大部分为海产，淡水仅 1 种，为尖尾膝沟藻（*G. apiculata*）。

角藻科，单细胞或连成链状群体。顶角细长，底角 2 或 3 个，有些种类只有一个发达的底角，另一个短小或完全退化。底角大多向上弯曲，末端开口或封闭，也有末端呈扁平、片状或掌状分枝。横沟位于细胞中央，呈环状。细胞腹面中央为斜方形的透明区，由数块薄板组成，纵沟则位于此区左方。透明区的右侧另有 1 个锥形的沟，可容纳另一个个体的顶角，从而连成群体。板式为 4′，5″，5‴，2⁗。缺前、后间插板，顶板联合组成顶角，底板联合组成底角。壳面有孔状纹。色素体多个，呈小颗粒状，顶角和底角内也有色素体。细胞核 1 个，位于细胞中央。本科本仅角藻属（*Ceratiumn*）1 属，但 Gómez 等（2010）根据海洋角藻和淡水角藻在形态和分子学上的差异，将海洋角藻划为新角藻属（*Neoceratium*），且已得到 AlgaeBase 和 WoRMS 两大数据库的认可。按照这一分类学系统，角藻科分 2 属，新角藻属和角藻属。海洋角藻的绝大部分种类隶属于新角藻属。

9.3　海南岛近岸海域甲藻分布

2006—2018 年，26 个调查区环绕整个海南岛：三亚海棠湾、红沙码头、三亚湾、角头湾；东方八所港；昌江近岸海域；儋州白马井码头、洋浦港；临高调楼港；海口南港、镇海港、假日海滩、海口湾、新港轮渡码头、白沙门港、东寨港；海口与文昌之间的铺前湾；文昌湖心港、清澜港；琼海博鳌港；万宁小海、联丰港、乌场码头、大洲岛；陵水分界洲岛、新村港，共发现甲藻 67 种（表 9-1）。其中，有毒种 12 种（表 9-2），分别是 *Alexandrium tamarense*（塔玛亚历山大藻）、*Dinophysis acuminata*（渐尖鳍藻）、*D. caudata*（具尾鳍藻）、*D. rotundata*（圆形鳍藻）、*Gambierdiscus toxicus*（冈比甲藻）、*Gymnodinium catenatum*（链状裸甲藻）、*Karenia mikimotoi*（米氏凯伦藻）、*Lingulodimium polyedrum*（多边舌甲藻）、*Prorocentrum hoffmannianum*、*P. lima*（利玛原甲藻）、*P. minimum*（微小原甲藻）、*P. rhathymum*（慢原甲藻）；赤潮种 6 种，分别为 *Neoceratium furca*（叉新角藻）、*N. fusus*（梭新角藻）、*Noctiluca scientillans*（夜光藻）、*P. micans*（海洋原甲藻）、*P. sigmoides*（反曲原甲藻）、*P. triestinum*（三叶原甲藻）。

表9-1　海南岛近岸海域甲藻分布

序号	种名	调查区																									
		1	2	3	4	5	6	7	8	9	10	11	12	13	14	15	16	17	18	19	20	21	22	23	24	25	26
1	*Alexandrium tamarense*[T]								+								+			+		+					+
2	*Alexandrium* sp.						+						+				+										
3	*Ceratocorys horrida*																	+									+
4	*Chattonella marina*																+										
5	*Dinophysis acuminata*[T]	+		+	+				+		+						+						+		+		
6	*Dinophysis caudata*[T]	+	+	+	+	+	+	+	+	+							+						+		+		
7	*Dinophysis rotundata*[T]														+												
8	*Dinophysis rudgei*																					+					
9	*Durinskia capensis*																		+					+			
10	*Gambierdiscus toxicus*[T]						+			+			+				+										
11	*Glenodinium gymnodinium*						+						+				+										
12	*Glenodinium* sp.								+				+	+			+										
13	*Gonyaulax polygramma*	+								+													+				
14	*Gonyaulax spinifera*						+		+	+			+				+	+									+

续上表

序号	种名	调查区																									
		1	2	3	4	5	6	7	8	9	10	11	12	13	14	15	16	17	18	19	20	21	22	23	24	25	26
15	*Gonyaulax verior*								+	+								+									
16	*Gymnodinium catenatum*[T]								+	+							+										+
17	*Gymnodinium* sp.								+	+																	
18	*Gyrodinium instriatum*																		+								
19	*Heterocapsa* sp.																					+					
20	*Karenia mikimotoi*[T]				+												+										+
21	*Lingulodimium polyedrum*[T]	+			+		+		+										+								+
22	*Neoceratium breve*									+																	
23	*Neoceratium candelabrum*				+																						
24	*Neoceratium furca*[R]	+	+	+	+	+	+		+	+	+		+	+		+	+	+			+		+	+		+	+
25	*Neoceratium fusus*[R]	+		+	+		+	+	+	+	+			+				+		+			+	+	+	+	
26	*Neoceratium kofoidii*	+	+	+																	+		+				
27	*Neoceratium marcroceros*						+		+					+				+									+
28	*Neoceratium trichoceros*	+		+												+											

续上表

序号	种名	调查区																								
		1	2	3	4	5	6	7	8	9	10	11	12	13	14	15	16	17	18	19	20	21	22	23	24	25	26
29	*Neoceratium tripos*	+	+	+	+	+	+	+	+	+	+							+						+		+	+
30	*Neoceratium* sp.																			+							
31	*Noctiluca scintillans*[R]								+	+																	
32	*Ornithocercus magnificus*			+																							
33	*Peridinium hispida*								+											+							
34	*Peridinium* sp.									+																	
35	*Pheopolykrikos hartmannii*						+																				
36	*Prorocentrum dentatum*																					+					+
37	*Prorocentrum emarginatum*	+								+									+								
38	*Prorocentrum gracile*				+	+																					
39	*Prorocentrum hoffmannianum*[T]				+	+		+																+	+		
40	*Prorocentrum lima*[T]	+			+	+		+		+								+	+	+				+			+
41	*Prorocentrum micans*[R]	+	+	+	+	+	+	+	+	+	+			+		+	+		+				+	+	+	+	+
42	*Prorocentrum minimum*[T]								+									+		+		+					+

序号	种名	调查区																									
		1	2	3	4	5	6	7	8	9	10	11	12	13	14	15	16	17	18	19	20	21	22	23	24	25	26
43	*Prorocentrum rhathymum*[T]	+		+	+	+		+			+	+			+	+			+				+	+	+	+	
44	*Prorocentrum shikokuense*										+				+												
45	*Prorocentrum sigmoides*[R]	+		+	+		+	+	+	+	+			+		+	+	+	+		+			+	+	+	+
46	*Prorocentrum triestinum*[R]			+																							
47	*Protoperidinium avellanum*				+										+				+						+		
48	*Protoperidinium bipes*	+	+	+		+		+			+									+	+		+	+		+	
49	*Protoperidinium claudicans*	+				+													+				+		+		
50	*Protoperidinium conicum*													+													+
51	*Protoperidinium divaricatum*																		+								
52	*Protoperidinium divergens*						+		+																		+
53	*Protoperidinium excentricum*	+	+	+				+			+								+				+		+		
54	*Protoperidinium latispinum*			+																			+		+		
55	*Protoperidinium marukawai*			+																							
56	*Protoperidinium minutum*																								+		

续上表

序号	种名	调查区																									
		1	2	3	4	5	6	7	8	9	10	11	12	13	14	15	16	17	18	19	20	21	22	23	24	25	26
57	*Protoperidinium obtusum*							+								+					+				+		
58	*Protoperidinium oceanicum*				+			+	+	+	+					+		+	+					+		+	+
59	*Protoperidinium pellucidum*	+	+	+		+									+			+						+	+	+	
60	*Protoperidinium pentagonum*						+		+	+		+						+									
61	*Protoperidinium punctulatum*	+	+	+	+		+											+					+			+	
62	*Protoperidinium pyriforme*		+	+			+																		+		
63	*Protoperidinium quinquecorne*	+	+	+	+	+					+					+		+	+				+	+	+	+	
64	*Protoperidinium sp.*						+			+								+									
65	*Pyrophacus horologium*		+	+																							
66	*Pyrophacus steinii*																+		+								+
67	*Scrippsiella trochoidea*							+											+								

注：1 为海棠湾，2 为红沙码头，3 为三亚湾，4 为角头湾，5 为八所港，6 为昌江近岸海域，7 为白马井码头，8 为洋浦港，9 为调楼港，10 为南港，11 为镇海港，12 为假日海滩，13 为海口湾，14 为新港轮渡码头，15 为白沙门港，16 为东寨港，17 为铺前湾，18 为湖心港，19 为清澜港，20 为博鳌港，21 为小海，22 为联丰港，23 为乌场码头，24 为大洲岛，25 为分界洲岛，26 为新村港；[T] 为有毒种，[R] 为赤潮种。

表 9 - 2　海南岛近岸海域有毒甲藻

序号	种名	毒素
1	*Alexandrium tamarense*	麻痹性贝毒
2	*Dinophysis acuminata*	腹泻性贝毒
3	*D. caudata*	腹泻性贝毒
4	*D. rotundata*	腹泻性贝毒
5	*Gambierdiscus toxicus*	西加毒素、刺尾鱼毒素
6	*Gymnodinium catenatum*	麻痹性贝毒
7	*Karenia mikimotoi*	溶血性毒素、鱼毒素
8	*Lingulodimium polyedrum*	虾夷扇贝毒素
9	*Prorocentrum hoffmannianum*	腹泻性贝毒、西加鱼毒
10	*P. lima*	腹泻性贝毒、西加鱼毒
11	*P. minimum*	蛤仔毒素
12	*P. rhathymum*	腹泻性贝毒、西加鱼毒

9.4　海南岛近岸海域常见有害甲藻

9.4.1　渐尖鳍藻

种名：*Dinophysis acuminata* Claparède et Lachmann 1859

同种异名：*Dinophysis ellipsoides* Kofoid 1907

　　　　　Dinophysis boehmii Paulsen 1949

　　　　　Dinophysis borealis Paulsen 1949

　　　　　Dinophysis lachmannii Paulsen 1949

　　　　　Dinophysis skagii Paulsen 1949

　　　　　Dinophysis lachmanii Solum 1962

渐尖鳍藻（图 9 - 10）细胞呈圆形或椭圆形，长 38 ～ 58μm、宽 30 ～ 40μm。后观呈圆形，左沟边翅发育较好，一直延伸到细胞顶部，且长度与宽度相等。细胞表面具小网眼结构，其上着生一孔。

渐尖鳍藻是世界性广布种，主要分布于寒带、温带浅海海域，我国渤海湾、黄海、东海、南海均有分布。渐尖鳍藻是主要的腹泻性贝毒（DSP）产毒种，形成赤潮时细胞浓度一般很低，不会引起水体变色。DSP暴发时，渐尖鳍藻细胞浓度可能只有100～200cells/L。正因如此，当高密度的海洋原甲藻、微小原甲藻和低密度的渐尖鳍藻造成胃肠疾病暴发时，致病生物常被误认为是原甲藻。

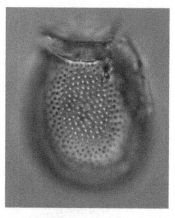

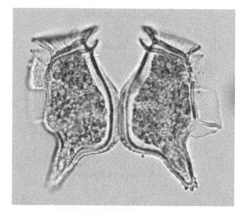

图9-10　渐尖鳍藻（*Dinophysis acuminata*）　　图9-11　具尾鳍藻（*Dinophysis caudata*）

9.4.2　具尾鳍藻

种名：*Dinophysis caudata* Saville - Kent 1881

同种异名：*Dinophysis homuncula* Stein 1883

　　　　　Dinophysis diegensis Kofoid 1907

具尾鳍藻（图9-6、图9-11）细胞形状不规则，多变，侧面观呈不规则卵圆形，长70～110μm、宽37～50μm，细胞最大宽度在壳的中央或以下。壳板厚，表面布满细密的鱼鳞状网纹，网纹中央有小孔。上壳低矮，略凸或略凹，近背部最高，其宽度为下壳的0.45～0.52；下壳长，后部窄细，延伸成长短不一的底角，其底部有时有小疣状突起。横沟平或稍凹，宽于上壳。上边翅宽，向上伸展成漏斗状，并具辐射状肋刺；下边翅窄，向上伸展，无肋刺。左沟边翅伸展到底角的基部，几乎是体长的1/2，并有3条肋刺支撑，前、后端宽度一致或后端略宽于前端；右沟边翅后端逐渐缩小，近似三角形。

具尾鳍藻是世界性广布种，主要分布于亚热带、热带浅海海域，我国南沙群岛、西沙群岛、海南岛、珠江口、大亚湾、大鹏湾等均有分布。具尾鳍藻可产生腹泻性贝毒（DSP）。

9.4.3　米氏凯伦藻

种名：*Karenia mikimotoi*（Miyake et Kominami ex Oda）G. Hansen et Moestrup 2000

同种异名：*Gymnodinium mikimotoi* Miyake et Kominami ex Oda 1935

　　　　　Gyrodinium aureolum Hulburt sensu Braarud et Heimdal 1970

　　　　　Gymnodinium sp. 1 Adachi 1972

　　　　　Gymnodinium nagasakiense Takayama et Adachi 1984

米氏凯伦藻（图 9 - 12）细胞呈圆形至椭圆形，长 24 ～ 40μm、宽 20 ～ 32μm。背腹扁平，有时会形成细胞大小明显不同的亚族群。上壳半球形至宽圆锥形，在顶端处有一顶沟，自纵沟上端向上延伸至顶部并达背面；下壳底端有凹陷。横沟位于中央或略前，左旋，两端距离约是体长的 1/5；纵沟从横沟处开始到底端。细胞核位于上壳左侧，呈椭圆形至豆形。10 ～ 20 个叶绿体散生于细胞中，每个叶绿体含有 1 个明显的蛋白核。

米氏凯伦藻是世界性广布种，普遍存在于温带至热带浅海海域。溶血毒素已被证实是米氏凯伦藻赤潮引发鱼类和无脊椎动物大量死亡的主要原因。1986 年，厦门西港区发生的赤潮可能是我国最早记录的米氏凯伦藻赤潮。此后，米氏凯伦藻赤潮在我国沿海地区频发，由南向北扩展到浙江沿岸以及连云港等海域，成为我国海域主要的有毒赤潮藻优势种。比如，2005 年，在我国海域发生的 13 起赤潮事件中，以米氏凯伦藻为优势种的达 5 起；2012 年，在浙江省温州、舟山，福建省福州、平潭、莆田、泉州等多个海区连续暴发多起米氏凯伦藻赤潮，造成大量养殖鲍死亡，估计直接经济损失超过 20 亿元人民币。近 20 年来，米氏凯伦藻赤潮造成我国直接经济损失约 24.3 亿元，占赤潮灾害总损失的 67.5%。2017 年，米氏凯伦藻在海南海口湾近岸海域引发赤潮。

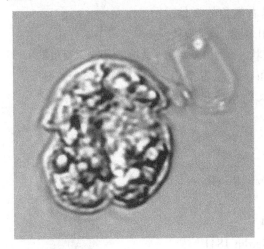

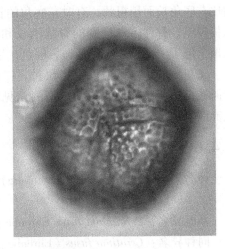

图 9 - 12　米氏凯伦藻（*Karenia mikimotoi*）　　图 9 - 13　多边舌甲藻（*Lingulodinium polyedrum*）

9.4.4　多边舌甲藻

种名：*Lingulodinium polyedrum*（Stein）Dodge 1989

同种异名：*Gonyaulax polyedra* Stein 1883

多边舌甲藻（图 9 - 13）细胞大致呈五边多面体形，长 40 ～ 54μm、宽 37 ～ 53μm。上壳顶端平或微弯曲。横沟环状，位于细胞中央；纵沟直，大部分位于下壳，后端宽，前端逐渐变窄。壳板厚，表面布满纤细的网状纹和刺胞孔，重叠的板缝有突起的粗脊。

多边舌甲藻是发光生物，属世界性广布种，主要分布于暖温带、亚热带浅海海域。多边舌甲藻可产生虾夷扇贝毒素（yessotoxins，YTXs）。

9.4.5 叉新角藻

种名：*Neoceratium furca*（Ehrenberg）Gómez，Moreira et López-Garcia 2010

基原异名：*Peridinium furca* Ehrenberg 1835

同种异名：*Ceratium furca*（Ehrenberg）Claparède et Lachmann 1859

　　　　　Ceratium furca var. *berghii* Lemmermann 1899

　　　　　Ceratium furca var. *eugrammum*（Ehrenberg）Schiller 1937

叉新角藻（图 9-14）藻体较长，长 155 ～ 260μm、宽 30 ～ 42.5μm。上壳长，近似等腰三角形，向前端延伸逐渐变细，形成一开孔顶角。顶角与上壳无明显分界线。横沟部位最宽，呈环状，平直。细胞腹面中央为斜方形。下壳短，两侧平直或略弯，底缘由右向左倾斜，两个底角呈叉状向体后直伸出。左、右底角近乎平行，末端渐细，尖而封闭；左底角比右底角长而稍粗壮，有时左底角的长度是右底角的 2 倍。壳板较厚，有许多不规则的脊状网纹和刺胞孔覆盖。细胞核球形，位于上壳。色素体多，黄褐色，呈颗粒状。

叉新角藻是典型的沿岸表层种，广泛分布于冷温带至热带海域，是我国渤海、东海、南海常见种。叉新角藻是世界性赤潮生物。

图 9-14　叉新角藻
（*Neoceratium furca*）

9.4.6 梭新角藻

种名：*Neoceratium fusus*（Ehrenberg）Gómez，Moreira et López-Garcia 2010

基原异名：*Peridinium fusus* Ehrenberg 1834

同种异名：*Ceratium fusus*（Ehrenberg）Dujardin 1841

　　　　　Ceratium seta（Ehrenberg）Kofoid 1908

梭新角藻（图 9-15）藻体细长，呈梭形，直或微弯曲，长 243 ～ 580μm、宽 15 ～ 25μm。上壳较长，向前端逐渐变细，延长成狭长的顶角。顶角粗细均匀，或略微变细，常稍向背部弯曲。横沟部位最宽，位于细胞中部偏下的位置。下壳短，长大于宽，向底端逐渐变细成瘦长的左底角。左底角非常长，粗细均匀，向背部弯曲的程度变化较大，也有可能不弯曲；右底角消失或退化为极短小的尖刺状。两底角间凹陷为纵沟。壳面由许多不规则的脊状网纹和刺胞孔覆盖。细胞核位于上壳。色素体黄褐色，呈圆盘状。

梭新角藻是典型的沿岸种，广泛分布于冷温带至热带海域，我

图 9-15　梭新角藻
（*Neoceratium fusus*）

国渤海、黄海、东海内湾、南海及香港海域等均有分布。梭新角藻常在内湾形成赤潮。

9.4.7　夜光藻

种名：*Noctiluca scientillans*（Macartney）Kofoid et Swezy 1921

夜光藻（图 9-8）细胞近圆球形，直径 150 ～ 2000μm。细胞壁透明，由两层胶状物质组成，表面有许多微孔。横沟不明显，仅在腹面留下一点痕迹；纵沟位于细胞腹面中央，与口沟相通，末端着生 1 条长触手，触手基部有 1 条短鞭毛。细胞背面着生一杆状器，使细胞作前后游动。细胞内原生质呈淡红色；细胞核呈小球形，由中央原生质包围。细胞中央有 1 个大液泡。由于营养细胞不具典型甲藻的普遍特征，夜光藻曾被归为水母类。

夜光藻是海洋中重要的发光生物，属沿岸表层种，分布广，除寒带海域，世界各海域均有分布，且作为耐污生物，在富营养化海域分布尤盛。夜光藻是世界性赤潮生物，是亚热带、热带海域主要赤潮生物之一，同时也是我国沿海引发赤潮最普遍的藻种。我国自 20 世纪 30 年代首次发现因夜光藻导致的赤潮以来，其范围不断扩大，随后在渤海、黄海、东海、南海等海域不断发生，范围几乎覆盖了所有近海海域。夜光藻虽然本身不含毒素，但形成赤潮时，大量夜光藻粘附于鱼鳃上，阻碍了鱼类呼吸并导致其窒息死亡；同时，夜光藻死亡分解过程中所产生的尸碱和硫化氢使水体变质，危害水体生态环境。2010—2017 年，夜光藻多次在海南岛近岸海域引发赤潮（图 9-16）。

图 9-16　2010 年文昌海域夜光藻赤潮

9.4.8　利玛原甲藻

种名：*Prorocentrum lima*（Ehrenberg）Stein 1878

基原异名：*Cryptomonas lima* Ehrenberg 1860

同种异名：*Exuviaella marina* Cienkowski 1881

　　　　　Dinopyxis laevis Stein 1883

Exuviaella lima（Ehrenberg）Bütschli 1885

Exuviaella lima（Ehrenberg）Schütt 1896

Exuviaella laevis（Stein）Schroder 1900

Exuviaella cincta Schiller 1918

Exuviaella marina var. *lima*（Ehrenberg）Schiller 1931

Exuviaella ostenfeldi Schiller 1933

Exuviaella caspica Kiselev 1940

Prorocentrum marinum Dodge et Bibby 1973

Prorocentrum arenarium Faust 1994

利玛原甲藻（图 9 - 4、图 9 - 17）细胞呈倒卵形，长 31 ～ 47μm、宽 22 ～ 40μm，中后部最宽。细胞由左、右 2 个壳板组成，壳板厚而光滑，表面分布着 62 ～ 87 个壳孔。壳板中央无刺胞孔，52 ～ 68 个边缘刺胞孔均匀地分布在壳板四周，是利玛原甲藻区别于其它原甲藻的重要特征。右壳板顶端的"V"形凹陷是其明显特征。"V"形顶孔由 8 个小板、1 个较大的鞭毛孔及 1 个较小的辅孔组成，两根鞭毛由鞭毛孔处伸出，突起的鞭毛骨架包围着辅孔，顶孔至壳板中央的中轴稍有凹陷。左壳板不同于右壳板，顶端无"V"形凹陷，只有一个扁平的顶脊区与鞭毛孔相连，中轴处未下凹。细胞中央的淀粉核清晰可见，周围散布着颗粒状的淀粉粒和叶绿体。

利玛原甲藻是世界性广布底栖附生种，营偶然性浮游生活，多分布于温带、热带浅海海域，常附着在河口或沿岸浅海底的海草及沙粒上。海南岛三亚海区珊瑚礁海域的大型海藻上多有利玛原甲藻附着。利玛原甲藻可产生大田软海绵酸（Okadaic acid，OA）、鳍藻毒素 - 1（Dinophysistoxin - 1，DTX1）、鳍藻毒素 - 2（Dinophysistoxin - 2，DTX2）、鳍藻毒素 - 4（Dinophysistoxin - 4，DTX4），引起腹泻性贝毒（DSP）中毒。

图 9 - 17　利玛原甲藻（*Prorocentrum lima*）

9.4.9　海洋原甲藻

种名：*Prorocentrum micans* Ehrenberg 1834

同种异名：*Prorocentrum schilleri* Böhm 1933

Prorocentrum levantinoides Bursa 1959

Prorocentrum pacificum Wood 1963

海洋原甲藻（图 9 - 1、图 9 - 18）细胞形状多变，壳面观呈卵形、亚梨形或近圆形，主要由两块壳板、顶刺、鞭毛孔及两条鞭毛组成，长 35 ~ 70μm、宽 20 ~ 50μm，长宽比一般小于 2，中部最宽。细胞前端圆，后端尖；顶刺尖长，6 ~ 8μm；翼片呈三角形，副刺短。鞭毛孔多个，位于细胞前端。两壳板厚而坚硬，表面覆盖着许多排列规则、凹陷的刺胞孔。细胞核位于细胞后半部，呈"U"形。色素体 2 个，褐色，呈板状。

海洋原甲藻是世界性广布种，广泛分布于冷温带至热带浅海、大洋海域，我国渤海、东海、南海、南沙群岛及香港海域等均有分布。海洋原甲藻是南海北部近岸海域诱发赤潮的主要生物。

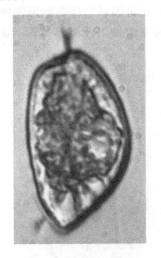

图 9 - 18 海洋原甲藻

（*Prorocentrum micans*）

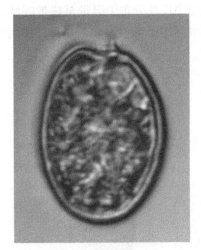

图 9 - 19 慢原甲藻

（*Prorocentrum rhathymum*）

9.4.10 慢原甲藻

种名：*Prorocentrum rhathymum* Loeblich III, Sherley et Schmidt 1979

慢原甲藻（图 9 - 19）细胞呈卵圆形，长 30 ~ 38μm、宽 20 ~ 25μm。细胞由左、右两个壳板组成，壳面光滑，壳面中央有刺胞孔，刺胞孔自中央向边缘呈放射状延伸，左壳面约 90 个，右壳面约 70 个，无拟孔，而墨西哥原甲藻（*Prorocentrum mexicanum*）的壳面上则存在着比刺胞孔更小的拟孔，这是区分慢原甲藻与墨西哥原甲藻的重要形态学依据。左右两壳板前端均略为凹陷，凹陷处上方有 1 块由背脊延伸出的舌形齿板，右壳板前端凹陷处有 6 ~ 7 个刺胞孔呈反"Z"形围绕着。细胞内有 1 个明显的细胞核和许多蛋白核。

慢原甲藻是底栖附生种，营偶然性浮游生活，多分布于亚热带、热带海域。1987年，在慢原甲藻的提取物中发现了具有溶血活性的物质；1992 年 4 月，美国加利福尼亚湾首次报道了慢原甲藻赤潮，并在赤潮海域牡蛎的肠道和鳃部发现了大田软海绵酸

（OA）中毒的病理学症状；而后，在慢原甲藻中检测出了腹泻性贝毒（DSP）的主要成分——大田软海绵酸（OA）。

9.4.11 反曲原甲藻

种名：*Prorocentrum sigmoides* Böhm 1933

反曲原甲藻（图9-20）细胞细长，略呈"S"形，长60～85μm、宽20～30μm。背面近中部隆起，腹面与其对应部分稍凹。前端稍圆，顶端略微凹陷，后端尖细。顶刺细长且尖，长9.9～16μm，从细胞前端左侧伸出，翼片明显，副刺短小。鞭毛孔3个，位于前端中央，两条鞭毛由此伸出。两壳板厚而坚实，表面覆盖着排列规则的刺胞孔。细胞核大，位于细胞后半部，呈"U"形。

反曲原甲藻广泛分布于温带至热带海域，多见于热带海域。反曲原甲藻常在内湾和沿岸形成赤潮。2015年，反曲原甲藻在海南海口湾近岸海域以及海棠湾和三亚湾部分海域引发赤潮。

图9-20　反曲原甲藻
(*Prorocentrum sigmoides*)

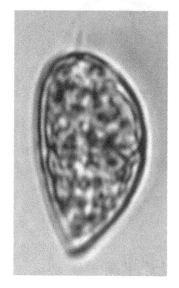

图9-21　三叶原甲藻
(*Prorocentrum triestinum*)

9.4.12 三叶原甲藻

种名：*Prorocentrum triestinum* Schiller 1918

同种异名：*Prorocentrum redfeldii* Bursa 1959

三叶原甲藻（图9-21）细胞呈长卵形或披针形，长18～22μm、宽6～11μm，长一般是宽的2倍，中部最宽。前端钝圆且在中央处有一顶刺，呈三角形；后端渐尖。鞭毛孔位于细胞前端的顶刺下部。细胞壳面光滑，无刺或突起物。刺胞孔稀疏而不规则地分布于壳面边缘，且在细胞最后端较尖处分布较多。细胞核较大，位于细胞中下部，呈球形。

　　三叶原甲藻是世界性广布种，普遍存在于浅海、大洋海域。自 1995 年以来，我国近海几乎每年都发生东海原甲藻（*Prorocentrum donghaiense*）赤潮。三叶原甲藻作为东海原甲藻春季大规模赤潮的伴随种，在东海和南海沿岸海域分布较广，但三叶原甲藻赤潮持续时间短暂，不易观察到，鲜有报道。

主要参考文献

［1］国家质量监督检验检疫总局，国家标准化管理委员会．GB/T 12763—2007 海洋调查规范［S］.北京：中国标准出版社，2007.

［2］国家质量监督检验检疫总局，国家标准化管理委员会．GB 17378—2007 海洋监测规范［S］.北京：中国标准出版社，2007.

［3］环境保护部．HJ 442—2008 近岸海域环境监测规范［S］.北京：中国环境科学出版社，2008.

［4］国家海洋局 908 专项办公室．海洋生物生态调查技术规程［M］.北京：海洋出版社，2006.

［5］全国海岸带和海涂资源综合调查简明规程编写组．全国海岸带和海涂资源综合调查简明规程［M］.北京：海洋出版社，1986.

［6］贾晓平，杜飞雁，林钦，等．海洋渔场生态环境质量状况综合评价方法探讨［J］.中国水产科学，2003，10（2）：160－164.

［7］Shannon C E，Weaver W．The mathematical theory of communication［M］.Urbana L：University of Illinois Press，1949.

［8］Margalef R．Information theory in ecology［J］.General Systems，1958，3：36－71.

［9］Pielou E C．The measurements of diversity in different types of biological collections［J］.Journal of Theoretical Biology，1966，13：131－144.

［10］孙军，刘东艳，徐俊，等．1999 年春季渤海中部及其邻近海域的网采浮游植物群落［J］.生态学报，2004，24（9）：2003－2016.

［11］孙军，刘东艳，魏皓，等．琉球群岛邻近海域浮游植物多样性的模糊综合评判［J］.海洋与湖沼，2001，32（4）：445－453.

［12］蔡立哲，马丽，高阳，等．海洋底栖动物多样性指数污染程度评价标准的分析［J］.厦门大学学报（自然科学版），2002，41（5）：641－646.

［13］柯志新，黄良民，谭烨辉，等．三亚珊瑚礁分布海区浮游生物的群落结构［J］.生物多样性，2011，19（6）：696－701.

［14］吴利，冯伟松，张堂林，等．春、秋季武湖浮游动物群落特征及其与环境因子的关系［J］.水生态学杂志，2011，32（2）：31－37.

［15］蔡清海，杜琦，钱小明，等．福建省三沙湾海洋生态环境质量综合评价［J］.海洋学报，2007，29（2）：156－160.

［16］蔡文贵，林钦，贾晓平，等．考洲洋饵料生物水平综合评价［J］.水生生物学报，2006，30（3）：269－275.

［17］窦勇，高金伟，时晓婷，等．2000—2013 年中国南部近海赤潮发生规律及影响因素研究［J］.水生态学杂志，2015，36（3）：31－37.

［18］Wang J，Wu J．Occurrence and potential risks of harmful algal blooms in the East China Sea［J］.Science of the Total Environment，2009，407（13）：4012－4021.

［19］刘录三，李子成，周娟，等．长江口及其邻近海域赤潮时空分布研究［J］.环境科学，2011，32（9）：2497－2504.

［20］李雪丁．福建沿海近 10 a 赤潮基本特征分析［J］.环境科学，2012，33（7）：2210－2216.

［21］吴在兴．我国典型海域富营养化特征、评价方法及其应用［D］.青岛：中国科学院海洋研究所，2013.

［22］ 刘霜，张继民，张洪亮，等．青岛近海赤潮灾害分级与时空分布及赤潮生物的变化［J］．水生态学杂志，2014，35（4）：43－47.

［23］ Fukuyo Y. Taxonomy of red-tide organism［M］. In：Okaichi T. Red tides. Japan：Kluwer Academic Publishers，2003：61－94.

［24］ Sournia A. Red tide and marine phytoplankton of the world ocean：an inquiry into biodiversity［C］. In：Lassus P, Arzul G, Denn E, et al. Harmful marine algal blooms. London, New York, Paris：Technique and Documentation － Lavoisier/Andover. England UK：Intercept Ltd. , 1995：103－112.

［25］ Yan T, Zhou M J, Zou J Z. A national report on harmful algal blooms in China［C］. In：Taylor F J R, Trainer V L. Harmful algal blooms in the PICES region of the North Pacific. PICES Scientific Report No. 23. Canada：PICES, 2002：21－38.

［26］ 殷安齐．利玛原甲藻分子生物学检测技术的研究［D］．海口：海南大学，2010.

［27］ 吕淑果，唐丹玲，关学彬，等．海南岛近岸海域赤潮易发程度识别及重点监控区域划定［J］．海洋环境科学，2016，35（4）：580－586.

［28］ 国家海洋局．2010—2017 中国海洋灾害公报［R］．北京：国家海洋局．

［29］ 海南省海洋与渔业厅．海南省海洋环境质量状况公报［R］．海口：海南省海洋与渔业厅，2010.

［30］ 海南省海洋与渔业厅．2011—2017 海南省海洋环境状况公报［R］．海口：海南省海洋与渔业厅．

［31］ 海口市海洋和渔业局．海口市海洋环境质量公报［R］．海口：海口市海洋和渔业局，2010.

［32］ 海口市海洋和渔业局．2011—2016 海口市海洋环境状况公报［R］．海口：海口市海洋和渔业局．

［33］ 三亚市海洋与渔业局．2010—2015 三亚市海洋环境状况公报［R］．三亚：三亚市海洋与渔业局．

［34］ 林昱．甲藻赤潮与水体中营养盐的关系初探［J］．台湾海峡，2001，20（1）：77－79.

［35］ 郭皓，丁德文，林凤翱，等．近 20 a 我国近海赤潮特点与发生规律［J］．海洋科学进展，2015，33（4）：547－558.

［36］ 胡翠林，金海卫，李振华，等．赤潮生物夜光藻的研究进展［J］．浙江海洋学院学报（自然科学版），2015，34（4）：379－386.

［37］ Baker M. Employment for the microscope［M］. London：Dodsley, 1753.

［38］ Müller O F. Vermium terrestrium et fluviatilium, seu animalium infusoriorum, helminthicorum et testaceorum, non marinorum, succincta historia［M］. Copenhagen：Hauniae et Lipsiae, 1773.

［39］ Stein F. Der organismus der infusionsthiere nach eigenen forschungen in systematischer reihenfolge dearbeitet. Ⅲ［C］. Die Naturgeschichte der Arthrodelen Flagellaten. Leipzig：Wilhelm Engelmann, 1883：1－30.

［40］ Kofoid C A, Michener J R. New genera and species of dinoflagellates［J］. Bulletin of the Museum of Comparative Zoology at Harvard College, 1911, 54：267－302.

［41］ Kofoid C A, Skogsberg T. The Dinophysoideae［J］. Bulletin of the Museum of Comparative Zoology at Harvard College, 1928, 51：1－766.

［42］ Schiller J. Dinoflagellatae（Peridineae）in monographischer Behandlung. I. Teil, Lieferung［M］. In：Rabenhorst L. Kryptogamen－Flora von Deutschland, Österreichs und der Schweiz. Leipzig：Akad Verlag, 1933：1－617.

［43］ Schiller J. Dinoflagellatae（Peridineae）in monographischer Behandlung. Ⅱ. Teil, Lieferung［M］. In：Rabenhorst L. Kryptogamen-Flora von Deutschland, Österreichs und der Schweiz. Leipzig：Akad Verlag, 1937：1－589.

［44］ Taylor F J R. Dinoflagellates from the international Indian Ocean expedition［J］. Bibliotheca Botanica, 1976, 132：1－234.

［45］ Wang C C, Nie D S. A survey of the marine protozoa of Amoy［J］. Contributions from the Biological Laboratory of the Science Society of China, Zoological Series, 1932, 8：285－385.

［46］ Hoppenrath M, Elbrächter M, Drebes G. Marine phytoplankton. Selected microphytoplankton species from the North Sea around Helgoland and Sylt. E［M］. Stuttgart：Schweizerbart Science Publishers, 2009.

［47］ 李鹏山, 林国尧, 谢跟踪, 等. 海口湾近岸海域水质状况分析与评价［J］. 海南师范大学学报 (自然科学版), 2010, 23 (1)：108－114.

［48］ 郑重, 李少菁, 许振祖. 海洋浮游生物学［M］. 北京：海洋出版社, 1984.

［49］ 赵文. 水生生物学［M］. 2 版. 北京：中国农业出版社, 2016.

［50］ 胡鸿钧, 李尧英, 魏印心, 等. 中国淡水藻类［M］. 上海：上海科学技术出版社, 1980.

［51］ Al-Kandari M, Al-Yamani F Y, Al-Rifaie K. Marine phytoplankton atlas of Kuwait's Waters［M］. Kuwait：Kuwait Institute for Scientific Research, 2009.

［52］ Chihara M, Murano M. An illustrated guide to marine plankton in Japan［M］. Tokyo：Tokai University Press, 1997.

［53］ Omura T, Iwataki M, Borja V M, et al. Marine phytoplankton of the Western Pacific［M］. Tokyo：Kouseisha Kouseikaku, 2012.

［54］ Steidinger K A, Tangen K. Dinoflagellates［M］. In：Tomas C R. Identifying Marine Phytoplankton. London：Academic Press, 1997：387－584.

［55］ 郭皓. 中国近海赤潮生物图谱［M］. 北京：海洋出版社, 2004.

［56］ 高寒. 渐尖鳍藻 (*Dinophysis acuminata*) 生长和产毒特征研究［D］. 保定：河北农业大学, 2015.

［57］ 陈国蔚, 倪达书. 南海鳍藻科三个属的分类［J］. 海洋与湖沼, 1988, 19 (3)：238－248.

［58］ 柳溪林, 余奇. 食物中毒性藻类及其毒素［J］. 中国医学研究与临床, 2007, 5 (11)：38－47.

［59］ 王朝晖, 吕颂辉, 陈菊芳, 等. 广东沿海几种赤潮生物的分类学研究［J］. 武汉植物学研究, 1998, 16 (4)：310－314.

［60］ Agriculture, Fisheries and Conservation Department. Harmful marine microalgae in Hong Kong［M］. Hong Kong：The Government of the Hong Kong Special Administrative Region, 2008.

［61］ 曾玲, 龙超, 林红军. 利玛原甲藻形态特征及生活史的研究［J］. 湖北农业科学, 2013, 52 (11)：2607－2611.

［62］ 梁计林, 何伟宏, 龙超, 等. 慢原甲藻—南海热带附生甲藻新记录［J］. 热带亚热带植物学报, 2011, 19 (1)：40－44.

［63］ 勾玉晓, 刘磊, 李冬梅, 等. 北黄海慢原甲藻形态结构与腹泻性贝类毒素组成［J］. 中国渔业质量与标准, 2018, 8 (3)：11－18.

［64］ 王红霞, 陆斗定, 何飘霞, 等. 东海三叶原甲藻 (*Prorocentrum triestinum*) 的形态特征及其 ITS 序列分析［J］. 海洋学报, 2012, 34 (4)：155－162.